거의
모든 것의
과학

사람의 호기심에서 시작돼 혁신을 이루는

거의 모든 것의 과학

YTN사이언스 〈다큐S프라임〉 지음

다온북스

일러두기

- 영어 및 역주, 기타 병기는 본문 안에 작은 글씨로 처리했습니다.
- 외래어 표기는 국립국어원의 규정을 바탕으로 했으며, 규정에 없는 경우는 현지음에 가깝게 표기했습니다.
- 기관 및 기업체명은 YTN사이언스 〈다큐S프라임〉 방영본에 따라 표기했습니다.
- 이미지 및 그래픽 통계 출처는 그림 하단에 표기했습니다.

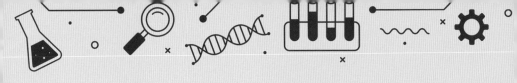

1장. 미래 선도 K-과학

시대를 앞선 과학, 오버 테크놀로지 · 10

30년 전 대한민국에서 자율주행차가 개발됐다? / 투명 망토 제작의 단초, 메타물질?! / 원천기술과 인지기술 확보의 필요성 / 웨어러블 PC를 개발한 한국의 스티브 잡스 / 비접촉 공간 터치의 핵심, AI 신체 인식 기술 / 미래형 기술 확보를 위한 플랫폼, 아이디어로(IDEARO)

기초과학 강국으로… 꿈의 가속기 · 43

현대판 연금술사, 가속기 / 미시 세계를 관찰하는 방사광 가속기 / 한국형 중이온 가속기 라온의 탄생 / 작지만 강한 중이온 가속기 14GHz ECR 이온원

뉴 모빌리티 시대가 온다 · 72

하늘을 나는 자동차, UAM의 의미 / UAM의 핵심 기술력 / UAM 관련 우리나라 연구상황 / UAM 시대가 가져다줄 미래와 풀어야 할 숙제 / 미래를 위한 선택, 전기선박 & 초고속 열차

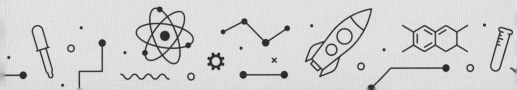

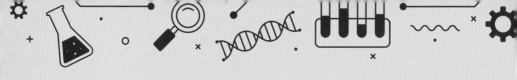

2장. 세계 자원전쟁 & 기술 혁신 K-소부장

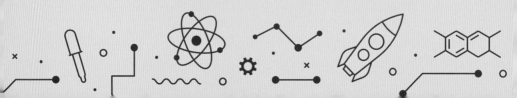

3장. Net-Zero 2050 탄소중립

에너지 혁신, 교육으로 미래를 열다 · 206

고통받는 지구, 방법은? / 새로운 희망 신·재생 에너지 / 작지만 큰 우리의 발걸음 / 신·재생 에너지 기술 개발을 위해 노력하는 작지만 강한 기업들 / 우리나라 에너지 융합인재를 양성하는, 한국에너지공대 / 미래의 에너지 인재가 꿈꾸는 미래

전기차, 자동차 시장의 틈새를 공략하다 · 240

전기차로 즐기는 오토캠핑 / 전기차 시장의 확대 / 초소형 전기차 / 초소형 전기 화물차와 전기 저상버스 / 친환경 E-모빌리티를 연구·개발하는 사람들 / 첨단 기술을 입은 전동킥보드의 진화

탄소중립, 지구의 마지막 1℃ · 274

기후 위기 대응을 위한 세계는 지금… / 탄소저장 CCS 기술 / CCS(CO_2 포집·저장) + CCU(CO_2 활용) = CCUS / 알지 못했던 자연의 탄소 흡수원 / 신·재생 에너지 기술을 통한 탄소중립

1장

미래 선도
K-과학

시대를 앞선 과학,
오버 테크놀로지

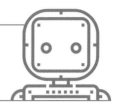

기원전 350년경 고대 그리스 수학자 아르키타스(Archytas)가 나무로 만든 '비둘기 로봇'이 있다. 하늘을 200m가량 날 수 있었다는 비둘기는 인류 최초의 로봇이자 드론으로 기록되고 있다. 빅토리아 시대의 전자악기 '텔하모늄(Telharmonium)'은 인터넷 세상이 열리기 전인 1896년에 이미 전화선을 통해 음악 스트리밍 서비스를 제공하며 세상을 깜짝 놀라게 했다. 그리고 1951년에 처음 탄생한 세계 최초의 휴대용 노트북과 1970년대에 이미 새로운 기술의 탄생을 알린 디지털카메라와 스마트 워치까지.

어떻게 그 시절에 이런 제품들을 만들어낼 수 있었는지 지금 봐도 신기한 세기의 발명품들이 적지 않다. 이름하여 "오버 테크놀로지(Over-Technology)". 그 시대의 평균적인 기술력으로 도저히 탄생시키기 힘든 초월적인 기술력의 산물을 뜻한다.

우리나라에서는 어떤 이들이 '오버 테크놀로지'의 기적을 이뤄왔을까? 세상에 없던 혁신적인 기술로 모두를 놀라게 한 이들! 하지만 그들의 도전은 왜 '기술의 진보'를 이루지 못한 채 단지 '최초의 개발'에 머물 수밖에 없던 것일까? 시대를 앞서나간 과학 '오버 테크놀로지'의 불씨를 살려 K-과학의 기술적 진보를 이뤄낼 수 있는 길을 함께 찾아보자.

🔬30년 전 대한민국에서 자율주행차가 개발됐다?

스스로 운전하지 않아도 스스로 도로를 달리는 꿈의 차 '자율주행 자동차*'. 첨단 자동차 기술이 발전하면서 자율주행 자동차를 향한 꿈은 점점 현실이 되어가고 있는 지금! 그런데 이미 우리나라에서는 30년 전 자율주행 자동차가 개발됐다는 놀라운 사실을 알고 있는가?

어두운 도로 위를 달리는 자동차 한 대. 어디에도 운전자의 모습은

---

* Self-Driving Car 탑승자가 차량을 조작하지 않아도 스스로 목적지까지 주행하는 자동차

미래를 선도하는 K-과학

찾아볼 수가 없다. 우리가 흔히 말하는 자율주행차가 맞는 것 같은데 어떻게 30년 전에 이런 일이 가능했던 걸까? 이 놀라운 기술을 선보인 주인공이자 세계 최초로 자율주행차 도심 주행에 성공한 한민홍 대표를 찾아가 봤다. 그는 지금 어떤 작업을 하고 있는 걸까?

운전자 없이 주행하는 30년 전 개발된 우리나라 최초의 자율주행차

한민홍 / 자율주행차 기업 대표 · 前 고려대학교 산업공학과 교수

"현재는 자율주행차를 구현하는 데 필요한 소프트웨어 특히, 인식과 판단하는 기술을 전산화하는 소프트웨어로 구현하는 작업을 하고 있습니다."

한민홍 대표는 여전히 자율주행에 대한 꿈을 놓지 않고 연구에 매진 중이다. 그가 처음 자율주행에 눈을 뜬 건 미국에서 자율주행 잠수정

개발에 참여하면서였다.

한민홍 / 자율주행차 기업 대표 · 前 고려대학교 산업공학과 교수

"원래 자율주행의 목적은 사람이 탄다기보다는 '무인 전차', 다시 말해서 사람이 타지 않고 군사용으로 포를 쏘고 싸워서 돌아오는 게 목적이었는데, 사실 군인 군사기술에서 유래됐다고 봐도 되는 기술이었습니다. 미국에 있을 때 연구했던 분야가 '무인 잠수정'이라고 무인으로 적진에 가서 정보를 엿듣고 돌아오는 것을 개발하는 게 목적이었습니다. 그래서 한국에 온 뒤 군사 용도라기보다는 일반 우리 산업, 시민들, 우리 소비자들이 쓸 수 있는 기술을 개발해야 하겠다 해서 자율주행차 연구를 시작하게 된 것입니다."

자율주행이라는 단어 자체도 생소했던 90년대! 고려대 교수로 재직하던 한민홍 대표는 교내 운동장에서 국내 최초 자율주행 시범을 이뤄낸 데 이어 이듬해인 1993년 세계 최초로 도심 자율주행까지 성공해냈다. 당시 시속 100km로 서울에서 부산까지 완주하는 놀라운 성과를 보여 큰 화제가 됐다.

한민홍 / 자율주행차 기업 대표 · 前 고려대학교 산업공학과 교수

"일단 100km로 경부고속도로에 올라 주행했다는 것 자체가 없었던 일입니다. 고려대 운동장에서 운행했을 때는 시속 30km, 빨라야

미래를 선도하는 K-과학

50km였습니다. 도로에서 주행한다는 건 위험이 따른데 다른 차가 끼어든다든지, 부딪힌다든지, 속도 조절을 계속해야 한다는 점에서 난도는 굉장히 높아지는 거죠. 그 당시에 무인차로 도로 주행한다는 건 상상하기 어려운 시절이었습니다."

더 놀라운 것은 이때의 기술과 현재 자율주행기술의 기본 원리는 큰 차이가 없다는 점이다.

한민홍 / 자율주행차 기업 대표 · 前 고려대학교 산업공학과 교수

"제가 행운아였던 이유는, 당시 'M'사가 세계에서 가장 먼저 GPS를 개발하고 상용화한 회사입니다. 그런데 M사 연구진이 제품을 시장에 내놓기 전에 저에게 엔지니어링 샘플을 직접 가지고 와서 '이걸 테스트해 보십시오'라고 요청해서 누구보다 빨리 GPS를 알게 됐습

거의 모든 것의 과학

니다. 그리고 실험에 응용할 수 있었다는 게 눈에 보이지 않는 큰 이점이었죠. 그래서 센서 화면에 대해서는 아쉬운 건 없었습니다. 그 당시에 쓸 수 있는 센서를 다 쓴 거니까요."

당시 한민홍 대표가 개발한 자율주행 기술력은 해외 자동차 시장에서도 큰 주목을 받았다. 프랑스가 자율주행차를 개발하는 데 있어 한국의 기술력을 전수하기도 했다. 그 이후로도 자율주행 자동차 개발을 멈추지 않고 있는 한민홍 대표. 그가 최근 직접 개조한 자율주행차를 만나봤다. 예전과 달라진 게 있다면 훨씬 더 정교해진 GPS와 라이다 기술이라고 한다.

전방 카메라 1개, 후방 카메라 1개, 측면 카메라 2개, 내부 카메라 4개 총 8대의 카메라와 센서가 부착된 자율주행 자동차. 여기에 인공지능의 발전으로 더 높은 수준의 자율주행이 가능해지기도 했다.

한민홍 대표가 최근 직접 개조한 자율주행차

미래를 선도하는 K-과학

"소프트웨어가 좋아졌죠. 소프트웨어가 좋아졌다는 얘기는 인지 및 판단 수준도 높아졌다는 거죠. 결국 자율주행 싸움은 인지하고 판단 능력입니다. 쉽게 말해서 차선이 어떻게 됐는지, 앞에 차가 어떻게 했는지를 알아야 브레이크를 밟는다든가 하지 않겠습니까? 그 기술이 중요한데 대단한 것은 아니지만 그게 참 어렵죠."

그렇다면 왜 우리나라가 최초로 자율주행 기술에 성공했음에도 상용화에는 뒤처질 수밖에 없었던 걸까. 당시 여러 가지 규제와 이해관계가 얽히면서 투자와 지원은 이뤄지지 않았고 그렇게 한민홍 대표의 자율주행 기술은 잊힐 수밖에 없었다.

"그 당시는 지금도 어느 정도 그런 게 있지만, '왜 그걸 개발합니까? 사다 쓰면 되는데 지금 다 그렇게 하고 있잖아요?'라는 반응이었죠. 뭘 사다 쓰냐면 자율주행에서 가장 핵심적인, 제가 '용의 눈'이라고 표현하는 카메라입니다.
카메라로 앞 전방을 보고 판단하는데, 그 카메라를 외국에서 수입하다 보니 지금 다 국외로 빠져나가고 있지 않습니까? 개발을 한 사람으로서 조금 치욕스럽기도 하고 결국 저도 그중에 한 사람이 됐으니까 본분을 다 못한 게 아닌가 하는 생각도 듭니다."

어쩌면 전 세계 자율주행 시장을 선도해 나갈 수 있었던 기회를 놓치면서 결국 세계 최초라는 타이틀도, 그리고 자율주행 시장의 주도권도 내주고 만 것이다. 이는 한 교수 개인을 넘어 우리나라 과학계의 손실이기에 더욱 아쉬움이 크게 남는다. 혹시 우리는 지금도 같은 실수를 반복하고 있는 건 아닐까?

💡투명 망토 제작의 단초, 메타물질?!

혹시 영화 〈해리 포터와 마법사의 돌〉 속 투명 망토를 두르는 장면을 기억하는가? 몸은 보이지 않고 얼굴만 동동 떠다니는 주인공의 모습은 인류의 오랜 로망인 투명 망토를 영화적 상상으로 풀어낸 것이다.

최근 우리나라에서 세계 최초로 투명 망토 개발에 한 걸음 다가선 연구 결과가 발표됐다. 그 비밀의 열쇠를 찾아간 서울대학교에선 투명 망토의 기반이 되는 메타물질 연구가 한창 이뤄지고 있다. '초월한다' '넘어서다'라는 뜻을 가진 메타물질이자 자연계에 존재하지 않는 새로운 광학 특성을 가진 신개념 물질을 뜻한다고 한다. 이것이 어떻게 투명 망토 제작의 단초가 될 수 있는 걸까?

정 인 / 서울대학교 화학생물공학부 교수

"예를 들어서 메타물질이 구현할 수 있는 현상으로는 빛이 일반적으로 물질을 만나서 투과할 때 양의 굴절률을 가지는데, 메타물질은 급격하게 빛을 꺾어서 음의 굴절률을 구현할 수가 있습니다.

이런 경우에는 마치 빛이 그 물질을 투과하지 못하고 옆을 타고 흐르듯이 지나가게 됩니다. 그러므로 그 물질의 존재 자체를 저희가 인지하지 못하게 만드는 현상을 만드는데 이런 메타물질의 특징이 투명 망토를 만드는 기본적인 원리가 됩니다."

양의 굴절(좌)과 음의 굴절(우)

실제로 자연계에 존재하는 대부분의 물질은 '양의 굴절률'을 가지고 있어서 물체에 닿는 빛을 입사각 기준에서 오른쪽으로 굴절시킨다. 하지만 '음의 굴절률'을 가지고 있는 메타물질은 빛의 방향을 꺾어 반대로 굴절시키게 된다. 한마디로 빛이 물체의 표면에 닿아도 제대로 반사되지 않아 우리 눈에 보이지 않는 것이다.

원래 우리의 눈은 물체로부터 반사되어 나오는 빛을 인식함으로써 물체를 볼 수 있게 돼 있다. 메타물질을 통할 경우 물체의 빛이 반사되지 않으니 아무것도 볼 수 없게 되는 원리이다.

정 인 / 서울대학교 화학생물공학부 교수

"이제껏 알려진 메타물질은 사람들이 인공적으로 제조해서 만들어 낸 것입니다. 저희가 다양한 물질 군의 메타물질을 가지고 있으면 이제껏 구현하지 못했던 과학기술들, 현상들을 구현할 수 있기 때문에 차세대 물질을 개발할 수 있는 굉장히 좋은 플랫폼이라고 할 수가 있습니다."

이런 이유로 전 세계 과학자들은 지난 30년간 메타물질을 활용한 투명체 연구에 매진해왔다. 그러나 아직 투명 망토가 상용화되지 못한 이유는 무엇일까?

정 인 / 서울대학교 화학생물공학부 교수

"기존에 알려졌던 메타물질들은 우리에게 알려진 메타물질의 종류 자체도 굉장히 극소수고, 극소수의 연구자분들만 참여해서 굉장히 극한 난이도의 가공 기술로 만들어야 했습니다. 이런 설계의 한계 때문에 이들이 아주 작은 사이즈의 나노 크기나 얇은 박막 형태로만 구현이 돼서 이렇게 알려진 메타물질이 있다고 해도 그들을 실제로 응용하기에는 한계가 매우 컸습니다."

메타물질을 이용한 투명 망토는 나노미터(nm) 수준의 작은 크기의 물질을 하나씩 제어해 설계·제작해야 했다. 그 때문에 실제 사람 몸을 가릴 수 있는 투명 망토 크기로 만들려면 비용이 많이 들고 제작 과정 이 어려워 상용화시키기에 굉장히 비효율적이었다. 또 외부 압력에 의 해 약간이라도 변형이 일어나면 메타물질의 특성을 잃게 되어 투명 망 토의 기능을 수행할 수 없게 된다는 한계도 있었다.

그런데 최근 서울대 연구팀에서 세계 최초로 까다로운 나노 세공 기 술이 필요 없는 새로운 합성법을 개발했다. 벌크 소재*의 메타물질을 대량 생산할 수 있는 길을 열게 된 것이다.

---

* 입자의 모든 방향으로 길이가 100nm 이상이 되는 자연계에 일반적으로 존재하는 물질

거의 모든 것의 과학

정 인 / 서울대학교 화학생물공학부 교수

"예를 들어서 흑연이나 질화붕소 같은 층상형 물질을 얇게 박리화

시키고 얇게 박리화된 물질들이 서로 자발적으로 모여서 교차하는,

그런 나노 혼성체를 만들 수 있는 굉장히 손쉬운 대량 합성법을 저

희가 먼저 개발했습니다. 그렇게 얻어진 마치 가루약이나 모래 같은

이런 가루들을 저희가 압력을 가해 찍어 눌러서 벽돌처럼 찍어낼 수

가 있습니다.

그렇게 얻어낸 벽돌처럼 나온 소재들을 칼로 잘라서 쓰면 모든 부

분에 있어서 저희가 음굴절을 구현할 수 있었습니다. 그래서 새로운

벌크 메타물질을 만들 수 있는 새로운 길을 열게 된 것입니다."

연구팀은 메타물질을 새롭게 디자인할 수 있는 새로운 방법론을 개발함

으로써 인류가 오랜 시간 꿈꿔온 투명 망토의 상용화를 눈앞의 현실로 앞

당겼다는 평가를 받고 있다. 이들은 여기서 한발 더 나아가 미래 시대가 절

실히 필요로 하는 더 큰 기술을 꿈꾸고 있다.

정 인 / 서울대학교 화학생물공학부 교수

"저희가 만든 메타물질은 특정 방향으로만 열을 전파합니다. 그 때

문에 그동안 불가능했던 열의 진행 방향을 조절한다든가 아니면 어

떤 열원이 열을 내는데 특정한 주파수, 특정한 파장대의 열로 내보

낼 수 있는 기술로 저희가 개발한 것인데요.

미래를 선도하는 K-과학

그래서 지구에 쌓인 열을 대기 중의 기체들이 흡수하지 않는 파장대로 변화하여 내보내게 되면 그 열은 지구에 쌓이지 않고 우주로 빠지기 때문에 지구온난화 문제에 상당한 기여를 할 수가 있습니다."

새로 개발한 메타물질을 통해 대기 중에 존재하는 온실기체들이 지표면에서 배출되는 열을 흡수하지 않도록 특정 파장대로 바꿔서 내보낼 수 있는 미래 기술을 확보했다. 인류가 현재 직면하고 있는 가장 큰 문제인 지구온난화 해결의 단초를 마련한 것이다. 아직은 불가능할 것만 같아 보이는 이 기술을 어떻게 상용화할 것인지, 그것이 관건이다.

정 인 / 서울대학교 화학생물공학부 교수

"특정하게 어떻게 열이 전파되는지를 관측해야 하는데, 저희가 원하는 성능을 가진 특정한 장비들의 가격이 굉장히 고가였습니다. 그리고 국내에 연구하시는 분들이 없고 장비가 없어서 이것에 관한 실험적인 연구를 추가로 진행을 많이 하지 못했습니다. 그래서 이런 부분을 지원해 주는 연구 프로젝트가 있다면, 저희가 인류의 어떤 삶을 바꾸는 연구에 더 매진할 수 있을 거로 생각하고 있습니다."

🔬원천기술과 인지기술 확보의 필요성

시대를 앞서가는 또 하나의 기술을 잉태하고 있는 곳 핵융합에너지연구원의 플라즈마 기술연구소를 찾았다. 플라즈마란 고체와 액체, 기체가 아닌 물질의 4번째 상태를 말한다. 고체에 열을 가하면 액체에서 기체로 물질의 상태가 변하듯, 기체에 에너지를 가했을 때 원자에서 전자가 분리되며 +전기를 띠는 원자핵과 −전기를 띠는 전자가 서로 떨어져 자유롭게 움직이는 상태가 되는 것을 말한다.

 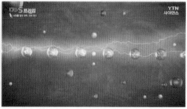

박상후 / 한국핵융합에너지연구원 박사

"플라즈마도 핵융합 발전을 위한 '고온 플라즈마'부터 우리가 산업에 활용하고 있는 온도가 굉장히 낮은 '저온 플라즈마'까지 플라즈마의 종류가 굉장히 다양합니다. 특히 우리가 살고 있는 대기 중에 플라즈마를 발생시켜서 우리가 기술을 활용하는 분야를 '대기압 플라즈마'라고 명명하고 연구를 수행하고 있습니다."

박상후 박사는 바로 이 대기압 플라즈마를 활용해 세계 최초로 공·수 겸용 비행기를 만들 수 있는 원천기술을 확보할 수 있었다고 한다. 그 원리는 이렇다. 지금의 비행기는 하늘을 날다가 바닷속으로 추락할

미래를 선도하는 K-과학

경우 기체와 바닷물 표면의 마찰력 때문에 산산조각 날 수밖에 없다.

그런데 플라즈마를 활용하면 바닷물의 안정성을 높여 마치 부드러운 푸딩 같은 상태를 가능하게 함으로써 기체의 손상을 막을 수 있다는 것이다.

대기압 플라즈마를 활용해 기체 손상을 막는 기술 실험 화면

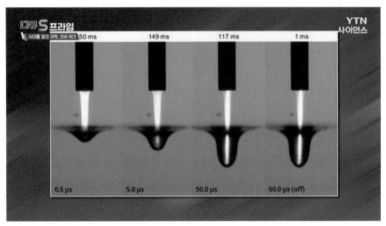

박상후 / 한국핵융합에너지연구원 박사

"우리가 주스나 커피를 마실 때 빨대를 가지고 표면을 훅하고 불면 오목하게 파이고, 좀 더 빠르게 불게 되면 물방울들이 톡톡 튀기는 현상을 보실 수 있습니다. 또 표면이 흔들리는 현상을 볼 수 있는데 그게 바로 액체 표면의 불안정성 때문입니다.

그런 기체들을 이온화시켜서 플라즈마 상태로 만들면 플라즈마가 가진 특성 때문에 액체의 표면이 더 이상 진동하거나, 떨리거나 하

거의 모든 것의 과학

는 등 탈출하지 않고 계속 안정적인 형태를 유지하는 현상입니다."

이처럼 대기압 플라즈마를 활용하면 일반 산업뿐 아니라 국방 분야에서도 획기적인 기술적 진보를 이룰 수 있을 것으로 기대를 모으고 있다.

박상후 / 한국핵융합에너지연구원 박사

"플라즈마 기술을 활용한 액체 표면의 안정화 기술은 예를 들면 물속 잠수함에서 만약에 미사일을 쏘거나 로켓을 쐈을 때, 로켓이나 미사일이 물 표면을 뚫고 대기 중으로 방출될 때, 물 표면을 안정화해서 적에게 들키지 않고 좀 더 조용하게 방출시킬 수 있는 그런 기술로 활용이 가능할 것 같습니다."

해당 기술은 세계 최고의 과학기술지 '네이처(Nature)'에 소개됐을 만

큼 우리나라가 플라즈마 기술에서 선도적인 입지를 차지한 것은 분명하다. 이를 굳건히 지켜가기 위해서 우리에게 남겨진 숙제가 있다.

박상후 / 한국핵융합에너지연구원 박사

"이러한 원천기술 연구는 결국 시간과의 싸움이라고 생각합니다. 그래서 연구자들이 좀 더 오랜 기간 연구하고, 연구·개발된 원천기술을 성숙화시키고 상업화시키는데 편히 오랜 기간 집중적으로 연구할 수 있도록 연구환경 조성을 하는 것이 굉장히 중요하다고 생각합니다."

불가능을 현실로 만들기 위해 매일 고군분투하고 있는 이들을 전폭적으로 지원해 주고 오랜 시간 실패를 거듭하더라도 이를 용인해 줄 수 있는 사회적 분위기가 조성될 때, 시대를 앞서가는 기술의 가치를 더욱 높일 수 있을 것이다.

한민홍 대표는 아직도 늦지 않았다고 말한다. 수많은 기업과 연구소 등에 흩어져 있는 자율주행의 핵심 기술을 하나로 집약한다면 충분히 선진국을 따라잡을 수 있다는 게 그의 생각이다.

현재 한민홍 대표는 자율주행 핵심인 소프트웨어 기술을 연구 중이다. 최근에는 졸음운전 방지 안경 개발에도 성공했다고 한다.

"카메라를 운전자 전방에 설치할 방법도 있습니다. 또 한 가지는 안경에 카메라를 부착해서 눈의 움직임이나 감김을 관찰하는 건데, 기존의 방법에 비해서 외부의 광선 빛의 영향을 덜 받고 또한 안경이나 선글라스를 쓴 사람은 빛의 반사로 안을 들여다볼 수 없는 문제가 있습니다.

이런 방법은 안경이 까맣든 선글라스든 전혀 상관없기 때문에 굉장히 정확한 인식이 가능한 시스템입니다. 시간을 가늠해서 예를 들어 눈 껌뻑껌뻑하는 사람들도 경보음이 울리면 곤란하니까, 눈이 감기는 시간을 조절해 주면 그런 건 필터링이 되는 거죠. 일정 시간 눈을 감았을 때 소리가 울리는 것입니다."

이러한 인지기술을 바탕으로 자동차뿐 아니라 항만 무인화 시장에 새롭게 도전하고 있는 한민홍 대표. 자율주행차가 상용화되기까지 여전히 각종 규제가 발목을 잡고 있는 상황에서, 우리의 자율주행 기술을 적용할 수 있는 또 다른 분야로 바로 '항만'을 주목한 것이다.

한민홍 / 자율주행차 기업 대표 • 前 고려대학교 산업공학과 교수

"항만의 물류 자동화가 굉장히 중요한 이유는, 이미 중국에서는 거의 100% 자동화된 항구가 칭다오를 비롯한 상하이항이라든지 지금 거의 90~100% 자동화가 되어 있습니다. 우리가 항만 쪽에 물류 자

동화 또는 자율화가 매우 중요한 산업 분야이기 때문에, 우리들의 역할이 굉장히 중요하다고 믿고 거기에 매진하고 있습니다."

이진식 / 안전 예측 시스템 개발업체 대표

"10년 전에는 카메라를 인지하는 기술, 제어하는 기술 그다음에 소프트웨어로 융합하는 기술이 있었는데 대부분이 다 약했습니다. 그런데 지금은 카메라가 매우 고도화되고, 모터와 컨트롤이 첨단화되면서 이 부분은 계속 발전하고 있는데 소프트웨어 쪽에서는 많은 부분을 해외에 의존하고 있습니다.

우리가 '머리'라고 할 수 있는 판단하는 기술을 더 개발해서 향후 비즈니스 모델화하고, 우리나라가 더 발전할 수 있도록 노력하도록 하겠습니다."

30년 전 한민홍 대표의 자율주행 기술은 시대가 놓친 기술로 기록됐지만, 그의 변하지 않는 열정과 도전은 앞으로 더 큰 역전의 기회를 만들어내지 않을까?

웨어러블 PC를 개발한 한국의 스티브 잡스

시대를 앞서나간 기술로 세상을 놀라게 했던 또 한 사람이 있다. 그를 만나기 위해 전라남도 나주의 한 아파트를 찾았다. 2001년 우리나라 최초로 이동할 때 몸에 지닐 수 있는 '웨어러블 PC'를 개발하면서 언론의 주목을 한 몸에 받았던 주인공! 바로 '한국의 스티브 잡스'라 불리는 정우덕 씨다. 당시 수많은 사람의 관심을 끌었던 정우덕 씨의 웨어러블 PC는 어떤 형태로 만들어졌을까?

정우덕 씨가 개발한 웨어러블 PC 모습

개발 초기, 왼손에는 태블릿 오른손에는 키보드를 착용한 후 이를 구동하기 위한 배터리와 다른 부품들은 조끼에 담아서 휴대할 수 있도록 만든 형태다. 크고 무거운 데스크톱을 어떻게 하면 작게 만들어 휴대할 수 있도록 할 것인지 수많은 고민 끝에 이뤄낸 결과물이다.

정우덕 / 웨어러블 PC 최초 개발자

"어디서든 데스크톱 같은 컴퓨터를 쓰고 싶었습니다. 그러다 보니까

미래를 선도하는 K-과학

그걸 만들 수 있는 유일한 형태는 아예 부품을 다 분산시켜서 컴퓨터 형태로 만드는 것이 최적이라고 생각했습니다. 휴대하면서 쓸 수 있다는 것은 해결이 됐는데 조금 더 개선해 보려고 '모든 부품을 조끼에 다 넣자!' 하고 탄생한 이것이 두 번째 버전입니다."

컴퓨터 모니터는 산업용으로 출시된 소형 화면으로 대체해 팔에 부착했고, 키보드와 마우스의 경우 최대한 가볍고 크기가 작은 것을 선별해 한 대의 웨어러블 PC로 조합해낼 수 있었던 것이다. 기존 키보드보다 작은데 대체할 수 있는 걸까?

정우덕 / 웨어러블 PC 최초 개발자

"이것이 어떻게 작동하냐면, 일반 키보드 키 수의 절반 정도밖에 없습니다. 하지만 시프트(Shift) 키를 누른 채로 입력하면 절반이 없는 반대쪽의 키를 입력할 수 있도록 만든 거죠. 그리고 마우스를 대체하는 것은 트랙볼입니다. 트랙볼은 위쪽에 있는 공을 굴려서 커서를 움직일 수 있도록 만들어 놓은 장치입니다. 일반적인 트랙볼은 책상

거의 모든 것의 과학

위에 올려놓고 쓰지만, 이것은 휴대할 수 있도록 만들었기 때문에 아래쪽에 왼쪽 버튼과 오른쪽 버튼을 누르면서 쓸 수 있습니다. 마우스 커서도 움직이면서 쓸 수 있고 한 손에 쥐고선 쓸 수 있는 트랙볼입니다."

모든 부품을 넣고 간편하게 입을 수 있게 조끼 형태로 개선한 웨어러블 PC. 이를 통해 길을 가면서도 버스를 타고 이동할 때도 자유자재로 컴퓨터 작업을 할 수 있게 됐다. 그런데 2001년 당시에는 우리나라에 무선 인터넷 환경이 제대로 갖춰지지 않았던 때다.

스마트폰이 세상에 나오기 전 폴더형 휴대폰이 인기를 끌던 시절이었고, 최신 기술이라곤 휴대폰 외부에 있는 원형 디스플레이를 통해서 폴더를 열지 않고 통화목록이나 메시지를 확인하는 것 정도였다. 정우덕 씨는 어떻게 웨어러블 PC를 통해 인터넷도 자유자재로 사용할 수 있었던 걸까?

정우덕 / 웨어러블 PC 최초 개발자

"저는 이동하면서 인터넷을 하기 위해 컴퓨터에 휴대폰을 꽂아 데이터를 전송받는 방식으로 이동 시 인터넷을 사용할 수 있었습니다. 말하자면 제가 20년 전 당시에 이렇게 이동하면서 할 수 있었던 것이 지금의 스마트폰에서 할 수 있는 것을 다 해결됐던 상태라고 볼 수가 있죠."

정우덕 씨는 19살에 최초로 인터넷 1인 벤처 회사를 차려 운영체제를 개발한 이력이 있었을 정도로 컴퓨터 분야에서 천재적인 두각을 보여왔다. 자신의 타고난 재능과 새로운 기술과 기기에 대한 무한한 호기심을 바탕으로 2002년에는 세계 최초 태블릿 PC를 개발하기에 이르렀다.

처음엔 모니터 아래 입력창을 탑재한 형태였지만 1년 뒤, 현재 사용되고 있는 태블릿 PC와 비교해도 전혀 손색이 없는 외관을 지닌 제품으로 업그레이드할 수 있었다. 2003년 당시로서는 사람들이 오랫동안 꿈꿔왔던 미래형 컴퓨터 그 자체였다.

정우덕 / 웨어러블 PC 최초 개발자

"웨어러블 PC는 모든 걸 다 입고 다녀야 하는 상황이었습니다. 하지만 태블릿 PC는 두 손이든, 한 손이든 들고 다니면서 쓸 수 있으니까 아무래도 훨씬 진보된 형태의 컴퓨터라는 생각이 들더라고요. 어떻게 보면 컴퓨터가 나아가야 할 방향 중 하나는 분명히 맞았다 하는 생각이 들었습니다."

스티브 잡스가 태블릿 PC를 출시한 것은 2010년. 무려 7년이나 앞섰다는 점에서 큰 놀라움을 안겨준 정우덕 씨. 하지만 정우덕 씨는 왜 자신이 힘들게 개발한 세계 최고 태블릿 PC의 상용화를 먼저 이뤄내지 못했던 걸까?

정우덕 / 웨어러블 PC 최초 개발자

"제안이 들어온 적도 있긴 있었습니다. 그렇지만 개인적으로는 이것
이 그 시점에 내놓기에는 상품성이 조금 떨어질 것 같단 생각에 거
절했던 적이 있었습니다. 그리고 A사나 S사 같은 대형 기업들이 제
품을 내놓으면서 성공하게 되는 것은, 소비자와의 접점을 잘 찾아
가기 때문이 아닐까 하는 생각이 들더라고요. 개인적으로 그런 것을
찾는 데는 개인적인 역량이 좀 부족하지 않았나 생각합니다."

스마트폰 개발을 꿈꿨던 정우덕 씨에게 태블릿 PC는 아직 갈 길이
먼 시제품에 불과했던 건지 모른다. 사람들이 진짜 필요로 하는 기술이
무엇인지 고민하며 늘 새로운 발명을 꿈꾸고 있는 정우덕 씨. 그가 또
한 번 혁신적인 기술을 개발하게 됐을 때, 다시 놓치지 않으려면 우리
는 어떤 준비를 해야 할까?

미래를 선도하는 K-과학

🍐비접촉 공간 터치의 핵심, AI 신체 인식 기술

새로운 기술을 개발하고 긴 시간 연구를 거쳐 상용화를 앞둔 한 IT 스타트업을 찾아가 봤다. 키오스크 앞에 서서 뭔가를 하고 있는 김석중 대표. 그런데 마치 영화 〈마이너리티 리포트〉의 한 장면 같아 보인다. 공간 터치 기술*로 우리가 흔히 알고 있는 터치 기술과 다른 점이 하나 있다고 한다. 바로 비접촉이라는 것이다.

김석중 / 공간 터치 기술 개발업체 대표

"저희 기술이 전 세계 최초이자 유일한 원거리 비접촉, 비착용 터치 기술입니다. 기존의 화면에 마우스를 가지고 커서를 움직여서 제어하듯이, 원거리에서 제어할 때는 화면의 커서를 만들고 움직여서 선택해야 합니다. 그런데 그건 커서가 있어야 해서 그래픽밖에 제어할 수가 없습니다. 그냥 눈에 보이는 이런 일반 실제 세계의 사물들을 제어할 방법이 없습니다.

그걸 하려면 사람이 원래 보이는 것을 가리키던 방식, 눈으로 보고 손으로 만지거나 가리키는 이 방식을 따라야지만 가능합니다. 저희가 유일하게 그 방식으로 개발했기 때문에 원거리 비착용·비접촉으로 터치할 수 있는 건 저희가 유일하다고 할 수 있습니다."

---

*　화면을 직접 터치하지 않고 사용자의 손가락 동작을 인식해 명령을 실행하는 기술

이곳에서 세계 최초로 개발된 비접촉 공간 터치의 핵심은 'AI 신체 인식 기술'이다. AI 신체 인식 기술이 사람의 눈과 손끝을 정확하게 검출해 내는 것이다. 김석중 대표는 사람이 무언가를 터치할 때 무의식적으로 그 목표물을 보고 있다는 점에서 아이디어를 얻었고, 눈과 손끝을 연결해 방향을 추측하는 알고리즘을 만들어냈다. 손끝과 눈과 연결하기 때문에 더 섬세하게 터치하려는 방향을 알아낼 수 있는 것이다.

AI 신체 인식 기술 이해를 위한 그림

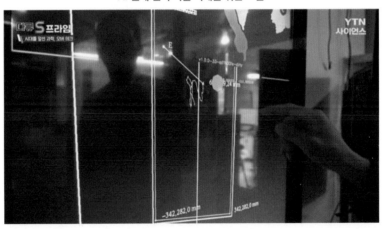

김석중 / 공간 터치 기술 개발업체 대표

"저희는 사용자가 가리키는 곳을 정확하게 알아내고 가리키는 동작을 오차 없이 검출하기 위해서 3차원 카메라나 RGB 2차원 카메라를 통해서 사용자의 신체 부위를 정확하게 인식합니다. 그래서 사용자의 눈과 손끝을 정확하게 검출하기 위해서 몸의 관절들을 다 같이

미래를 선도하는 K-과학

인식하기도 합니다. 그다음에 눈과 손을 이으면 사용자가 어디를 가리킨다는 걸 알아낼 수 있습니다. 이게 저희 기술의 기초입니다. 머신러닝(Machine Learning 기계학습) 베이스로 사용자의 신체 데이터를 인식한 것을 기반으로 학습한 네트워크를 다지고 있습니다. 그래서 인공지능 기술 기반으로 사용자의 신체를 찾고, 그것을 3차원 공간에서 포인팅할 수 있는 인터페이스 기술을 개발하고 있다고 봐주시면 될 것 같습니다."

이러한 공간 터치 기술은 앞으로 우리 실생활에서 무궁무진하게 활용될 것으로 보인다. 사람의 동작을 인식하는 3차원 카메라를 통해 한 공간에 있는 기기들을 통합하고 제어할 수 있기 때문이다. 즉, 리모컨 대신 손가락을 움직여 가전제품의 전원을 켜고 TV의 메뉴를 고른다거나 에어컨을 작동시킬 수 있다는 것이다. 하지만 기술 개발이 이뤄진 이후에도 상용화가 되기까지 넘어야 할 난관도 많았다고 한다.

거의 모든 것의 과학

"저희는 처음에 가정에 있는 여러 기기를 통합 제어하는 것부터 시작했습니다. 저희는 새로운 컴퓨팅 환경, 공간 컴퓨팅 환경이 필요한 기술이고 핵심 기술을 개발하고 있는데, 이 시장이 아직 거기까지 따라오지 않다 보니 많은 어려움이 있었습니다. 그래서 상용화하는 데 어려움을 겪다가 저희가 자체적으로 할 수 있는 터치패널을 대체하는 제품으로 사업의 방향을 전환한 거죠.

그래서 저희가 인공지능 기술을 결국에는 부품, 그냥 제품으로 웹캠을 쓰듯이 할 수 있는 형태까지 만들어 낸 게 저희가 그간 해왔던 고생과 노력이 어떻게 보면 결과물인 것 같습니다. 그게 이제 시작됐기 때문에 그다음엔 자동차에도 가상 터치 기술이 들어가고, 가정 거실로도 들어가는 등 확장을 계속해나갈 예정입니다."

김석중 대표는 공간을 터치한다는 새로운 기술을 내놓으며 세상의 주목은 받았지만, 상용화가 이뤄지기까지 기술적 제도적 어려움을 이겨내야 했다. 하지만 당장은 낯선 이 기술들이 또는 당장은 필요하지 않을 것 같은 기술들이 언젠가는 우리 삶을 더 윤택하게 바꿔줄 또 하나의 '혁신'이라는 사실을 스스로 믿었기에 포기할 수 없었다고 한다.

김석중 / 공간 터치 기술 개발업체 대표

"우리가 타고 다니는 자동차나 전기, 의자, 책상 등 이런 것들이 원래부터 있었던 게 아니라 '누가 만들어냈기 때문에' 현재 우리가 문명 위에 살고 있잖습니까? 그래서 인류가 발전하고 조금 더 나은 삶을 만들어내는 게 다 발명들이 쌓여서 '지금'이 된 것 같습니다. 공간 터치라는 기술이 문명에 계속 도움을 줄 수 있는 기술로 남으면 좋을 것 같고, 그게 저의 사명입니다."

🔔 미래형 기술 확보를 위한 플랫폼, 아이디어로(IDEARO)

오버 테크놀로지라 여겼던 혁신적인 기술들이 우리 일상으로 들어오기 위해서는 제도적 지원이 꼭 필요하다고 전문가들은 입은 모은다. 최근 이를 활성화하기 위한 정부 주도 플랫폼이 생겼다.

바로 한국발명진흥회에서 운영하는 '아이디어로'이다. 이 세상에 없던 제품이나 서비스에 대한 아이디어가 있는 사람이라면 누구나 이곳에서 사고팔 수 있는 기회의 장이 되고 있다.

김현승 / 한국발명진흥회 지식재산거래소 과장

"우리나라 국민에게는 참 많은 아이디어가 있습니다. 그러나 아이디어로만 머물다 보니 사업화하거나 아니면 권리화하지 않으면, 그 아이디어가 보통 사장(死藏)되거나 별도의 보상을 받지 못하게 됩니다. '아이디어로'는 그런 아이디어가 가치를 가지고 누군가 필요한 사람에게 가게 하도록 '아이디어 플랫폼'을 통해 수요자와 구매자를 모아

거의 모든 것의 과학

서 플랫폼 내에서 직접 거래도 하고 활용할 수 있는 루트를 만들어 드리는 개념이라고 보시면 될 것 같습니다."

세상을 바꾼 혁신적인 발명들도 알고 보면 사소한 아이디어에서 출발하기 마련이다. 이곳은 그런 무수한 아이디어들을 실제 발명으로 이어 나가기 위해 적극적으로 투자하기 위한 곳이다. 현재까지 '아이디어로'의 회원 수는 약 6,000여 명, 회원 기업은 약 360개 사로 현재 등록되어있는 아이디어들만 약 1,600여 건에 이른다고 한다.

그렇다면 이곳에선 사람들의 아이디어가 어떤 방식으로 거래될 수 있는 걸까? 기업이 도전과제를 발제하면 개인이 직접 새로운 아이디어를 제안하는 '오늘의 도전과제'와 개개인이 직접 자신의 새로운 아이디어를 제안하고 필요한 사람들에게 판매하는 '아이디어 스토어'로 이뤄진다.

그리고 기업에서 참여자를 선별하여 함께 아이디어 구체화 미션을 이뤄가는 '아이디어 소싱'과 '아이디어 청원'까지 다양한 방식으로 제품 발명의 기회를 제공하고 있다고 한다. 그중에서도 최근에는 아이디어가 필요한 기업과 개발자를 이어주는 아이디어 소싱이 많은 호응을 얻고 있다.

김현승 / 한국발명진흥회 지식재산거래소 과장

"아이디어 제안자분들이 본인의 아이디어가 실체화되는 모습을 계속 봐나가면 '아이디어로'의 매력에 갖지 않을까 생각합니다. '내 아이디어를 나는 사업화하지 못했는데 어느 기업에서 이렇게 사업화

를 했고, 그를 통해서 이렇게 보상받았어.'라고 말이죠. 아이디어 제
안자가 누구인지에 대한 이슈도 계속 나오면 훨씬 더 나중에 사업화
나 아이디어 활성화에 도움이 되지 않겠냐는 느낌도 있습니다."

　특히 이곳에선 우수한 아이디어가 있어도 비용이나 기술적 노하우의
한계에 부딪혀 제품 개발과 상용화에 나서지 못하는 이들을 위한 지원
을 아끼지 않고 있다.

　한 기업의 경우에는 열차 내에서 사용할 수 있는 쓰레기 수거 카트를
개발해 상품화한 후 공기업에 판매함으로써 상용화의 길을 열 수 있었
다.

열차 내 쓰레기 수거 카트 아이디어

거의 모든 것의 과학

"청소 근로자를 위한 아이디어 제품이기 때문에 주문 수량이 충분하지 못하면 저희 같은 중소기업들은 납품하는 데 큰 어려움이 있습니다. 왜냐하면 금형과 같은 시설을 갖춰야 하는데 그 비용이 부담될 수밖에 없습니다. 그런데 '아이디어로'를 통해서 공공기관인 코레일테크에 제품을 공급할 수 있는 계기가 되었죠. 이것은 저희로서도 정말 쉽지 않은 일인데 아이디어로 플랫폼을 통해서 가능했던 일입니다."

실제로 이곳에서는 아이디어를 제품화하고 사업화를 진행하게 될 경우, 정부 기관들을 통해 특허 기술 확보나 스타트업 바우처 등 실질적인 지원을 받을 수 있다고 한다.

새로운 기술을 꿈꾸는 사람들의 수많은 아이디어가 그대로 묻히지 않고 세상에 빛을 발할 수 있도록 도와주는 시스템이 하나둘 마련되고 정부 지원의 창구가 열리고 있는 만큼 미래형 기술 확보에 대한 기대감이 높아지고 있다.

"향후 창업하는 부분이나 아이디어에 대한 도움을 받을 수 있는 부분도 저희가 구상하고 있습니다. 국민이 누구나 아이디어를 등록하고 거래하고 가치를 가질 수 있는 부분과 애로사항이 있는 기업들이 문제를 해결할 수 있는 전 국민 아이디어 플랫폼으로 거듭나기 위해서 계속 노력하고 있습니다."

4차 산업혁명의 파도를 타고 기술 발전의 속도가 걷잡을 수 없이 빨라지고 있는 지금! 시대를 앞서나가는 아이디어, 미래를 준비하는 기술 개발에 나선 이들의 도전이 더욱 빛을 발하고 있다.

이들의 값진 노력이 시대를 잘못 타고난 기술이 되지 않게 하는 것이야말로 K-과학의 경쟁력을 사수하는 길이 아닐까?

기초과학 강국으로…
꿈의 가속기

우주에 존재하는 만물의 원천을 탐구하고 그것을 통해 세상에 없던 물질을 탄생시켜온 기초과학. 산업의 쌀이라 불리는 반도체부터 신소재, 신약까지 4차 산업혁명의 거대한 파도를 일으켜왔다. 그 중심에 우리가 주목해야 할 한 가지 키워드가 있다.

과학자들이 우주 만물의 원천을 탐구하기 위해 꼭 필요하다고 말하는 꿈의 장비인 '가속기'. 원자, 원소 등 우리 눈에 보이지 않는 작은 물질들에 관한 연구를 가능하게 함으로써 기초과학의 저변을 넓힐 수 있는 핵심 과학시설로 주목받고 있다.

고경태 / 한국기초과학지원연구원 선임연구원

"포항의 3세대 방사광 가속기에서 증명된 것과 같이 물리, 생명, 화학, 재료공학과 같은 다양한 연구 분야에서 우수한 연구성과를 도출하는데, 가속기가 필수적인 거대 과학시설이라는 점이 이미 증명된

바 있습니다."

유재용 / 고려대학교 세종캠퍼스 가속기 과학과

"가속기를 기반으로 신소재 연구도 가능합니다. 그리고 신약을 개발
하는 데 굉장히 많이 쓰이고 있습니다. 그로 인해서 만들어지는 신
소재와 신약이 우리 인간의 삶에 있어서 매우 크고 좋은 영향을 끼
칠 것으로 생각하고 있습니다."

세상에서 가장 작은 물질로부터 가장 거대한 변화를 가져올 미래 과학
의 핵심 장비이자 기초과학 강국으로 나아가는 발판이 될 가속기! 그 무한
한 가능성의 세계로 들어가 보자.

🔥현대판 연금술사, 가속기

혹시 18세기 말 영국의 화가, 조셉 라이트(Joseph Wright)가 그린 「현자
의 돌을 찾으려는 연금술사」(1771~1795)라는 작품을 아는가? 그림 속 주
제가 된 '연금술'은 납과 구리 등의 값싼 물질을 값비싼 금으로 바꾸려 했
던 전 근대과학기술을 말한다. 다소 엉뚱한 발상 같지만 중세 유럽 사람들
은 '아리스토텔레스의 4원소 변환설'에 따라 모든 물질이 물·공기·불·흙의
4가지 원소로 이루어져 있고, 이 4가지 원소를 잘 조합하기만 하면 어떤
물질로 만들어낼 수 있을 거라 믿었다.

거의 모든 것의 과학

아이작 뉴턴 등 수많은 과학자의 도전에도 '불가능한 일'로 여겨졌던 연금술! 하지만 21세기가 된 지금, 연금술을 현실로 이뤄주는 과학기술 장비가 있다. 바로 현대판 연금술사라고 불리는 '가속기'이다.

우리 주변의 모든 물질은 '원자'라는 기본 입자로 구성돼 있다. 가속기는 바로 이 원자를 이루고 있는 양성자와 전자, 이온 등의 입자를 빛의 속도로 빠르게 운동시켜 높은 에너지를 갖게 해주는 장치를 말한다.

가속기 구성 입자와 가속시키는 입자 종류의 분류

과거 TV나 컴퓨터 모니터로 사용됐던 브라운관이 대표적인 가속기에 속한다. 브라운관 뒤에 있는 전자총을 통해 전자를 가속하면, 모니터에 있는 형광물질에 충돌해 빛을 내게 하는 방식으로 우리가 보는 화면을 만들어 낸 것이다. 가속기는 가속하는 입자의 종류에 따라 전자 즉, 방사광 가속기, 양성자 가속기, 중이온 가속기 등으로 분류되는 데 각각 어떤 차이점이 있는 걸까?

고경태 / 한국기초과학지원연구원 선임연구원

"중이온 가속기라든가 다른 입자 가속기 같은 경우에는 무거운 입

미래를 선도하는 K-과학

자를 가속해서 그 입자 자체를 목표물에 때린다거나 입자 빔 자체를 활용하기 위한 시설입니다. 그와는 달리 방사광 가속기는 전자를 가속해서 저장링에 가두어 X선을 생성하고, 그 X선을 활용해서 다양한 실험을 하기 위한 실험 시설입니다."

먼저 "양성자 가속기"는 원자에서 원자핵을 이루는 양성자만 떼어내 빠르게 가속하는 장치다. 이때 원자에 1천 볼트의 전압을 가해 초속 500km까지 가속한 후 어떤 물질과 충돌시키면 그 물질의 표면을 이루고 있는 원자 또는 분자를 낱개로 쪼갤 수 있다. 양성자 가속기는 물체를 나노급으로 정밀하게 가공해야 하는 반도체와 정밀 기계 등에 활용되는 이유이다.

우리나라에서도 2012년 경주에 양성자 가속기 센터를 구축해 활발히 가동 중이다. 지난 10년간 반도체와 이동통신 산업은 물론 첨단 에너지 소재 개발 그리고 백신과 신약 개발까지 폭넓게 활용되고 있다.

양성자 가속기 모습

🔬미시 세계를 관찰하는 방사광 가속기

그렇다면 "방사광 가속기"는 어떤 특징을 가지고 있을까? 우리의 눈은 400~700nm의 파장을 가진 가시광선을 통해서 사물을 볼 수 있다. 원자·분자와 같이 작은 물질은 가시광선보다 파장이 짧은 X선을 통해 볼수 있다. 바로 이 X선을 처음 발견한 이가 독일의 물리학자 '빌헬름 뢴트겐(Wilhelm Conrad Röntgen, 1845~1923)' 박사였다.

그는 전자의 흐름을 연구하다 우연히 정체불명의 X선을 발견하게 됐다. 이를 이용해 부인의 손을 사진 감광판에 대고 촬영했다가 뼈까지 그대로 찍어낼 수 있다는 사실을 알게 됐다. X선을 이용하면 가시광선으로 볼 수 없는 영역까지 눈으로 볼 수 있다는 사실을 알게 됐고, 이를 구현한 장치가 바로 '최초의 방사광 가속기(입자를 빠르게 가속해 X선 등의 빛을 발생시키는 장치)'다. 실제로 방사광 가속기는 전자를 빛의 속도로 빠르게 올림으로써 매우 밝고 파장이 짧은 X선을 만들어내 우리 눈으로 볼 수 없는 미시 세계(微視世界)를 관찰할 수 있게 해주는 장비다.

미래를 선도하는 K-과학

"방사광 가속기는 전자를 가속해 저장링이라고 불리는 시설에 전자를 가두게 됩니다. 그 전자가 원 궤도 운동을 하게 되면 원 궤도 운동을 하는 것에 따라 가속을 받게 되는데요. 그 가속되는 과정에 있어서 X선이 발생하게 됩니다. 이러한 시설에서는 X선뿐만 아니라 다양한 파장의 빛들을 생성할 수 있게 됩니다. 방사광 가속기는 기본적으로 그러한 빛을 사용하여 다양한 실험을 수행하기 위한 거대한 과학시설입니다."

방사광 가속기와 관련해 세계적인 음악가 베토벤의 일화가 유명하다. 베토벤이 사망한 후 그의 머리카락을 방사광 가속기로 분석한 결과, 정상인의 100배나 되는 60ppm 납이 검출돼 그가 납 중독으로 사망했다는 사실이 밝혀진 것이다.

유명 화가인 반 고흐의 일화도 있다. 반 고흐는 돈을 아끼기 위해 자신의 그림에 덧칠하곤 했다. 방사광 X선을 통해 원본 훼손 없이 숨어 있는 색깔을 찾아내 그의 작품 밑에 숨겨져 있던 한 여인의 초상화를 복원해 낼 수 있었다.

이처럼 방사광 X선을 통해 아주 작은 나노 세계에서 일어나는 현장까지 정밀하게 관찰할 수 있는 것이다. 일반 현미경으로 볼 수 없는 단백질의 구조나 세포의 움직임까지 실시간으로 볼 수 있게 해주는 방사광 가속기. 생명과학과 신약 개발뿐 아니라 소재·부품 산업의 원천기술을 개발하는 데 필요한 핵심 시설로 손꼽히고 있다. 현재 우리나라에서는 이미 경북 포항에 2기의 방사광 가속기가 설치돼 운영되고 있다.

고경태 / 한국기초과학지원연구원 선임연구원

"첫 번째 방사광 가속기는 원형 방사광 가속기로, 3GeV(기가 일렉트론 볼트=109eV)의 전자빔을 저장링에 가둬서 앞서 말씀드린 것과 같이 다수의 실험을 수행할 수 있는 시설입니다. 그와는 달리 최근에 건설하여 운영되고 있는 4세대 선형 방사광 가속기의 경우에는 X-RAY 레이저를 발생시키게 됩니다.

그 X-RAY 레이저를 이용해서 매우 정밀한 시분해 실험 혹은 산란실험 이미징 시험 등을 시행하는 것을 목표로 구축된 특수목적 방사광 가속기라고 생각하시면 될 것 같습니다."

3세대 원형 방사광 가속기(좌)와 4세대 선형 방사광 가속기(우)의 차이점

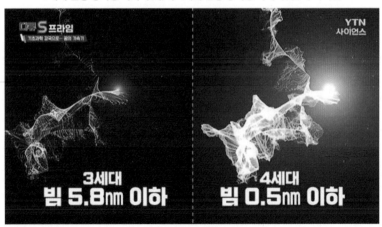

미래를 선도하는 K-과학

3세대 원형 방사광 가속기와 4세대 선형 방사광 가속기 이 두 가속기의 차이점은 가속기에서 쏘는 빔의 크기가 다르다는 것이다. 만약 같은 머리카락 단면을 본다고 하더라도 4세대 가속기가 수천 배 이상 크고 선명하게 볼 수 있는 것이다.

빔의 특성상 좁은 곳에 집중하면 정밀도를 높일 수 있기 때문에 빔의 크기가 작은 4세대 가속기가 한 단계 진화된 것이라 할 수 있다. 방사광 가속기의 성능이 우수해진 만큼 실생활에서 우리가 활용할 수 있는 분야가 많아지고 있다.

고경태 / 한국기초과학지원연구원 선임연구원

"여러분이 익히 알고 계시는 코로나바이러스의 구조 같은 정교한 바이러스의 분자구조를 파악하는 데 있어서 방사광 가속기의 X선 산란실험이 활용되고 있습니다. 또한 최근에 크게 이슈가 된 배터리 혹은 환경 촉매와 같은 나노 물질들에 세부적인 구조 분석 또는 반응 분석에도 방사광 가속기의 X선 실험이 매우 중요하게 활용되고 있습니다."

특히 방사광 가속기는 바이러스 단백질과 같은 작은 물질의 구조를 분석하는 데 유용하게 쓰이고 있다. 최근 코로나19 바이러스 백신과 치료제뿐 아니라 발기부전 치료제 개발의 1등 공신 역할을 톡톡히 해내기도 했다. 하지만 방사광 가속기의 활용도가 높아지면서 수요에 비해 시설이 턱

없이 부족해진 상황이다. 이에 정부는 2년 전 방사광 가속기의 추가 건설 계획을 밝힌 바 있다.

1조 원 규모의 대형 국가연구시설인 다목적 방사광 가속기가 충북 오창에 구축되고 있다. 이곳에 건설되는 4세대 원형 방사광 가속기는 태양 빛보다 100억 배 밝은 빛을 내는 3세대 원형 가속기보다 100배 이상 높은 성능을 갖게 된다.

2027년이면 우리나라는 대형급 가속기 1기와 중형급 2기의 방사광 가속기를 가동할 수 있게 된다. 이로써 가속기 기술 선진국에 진입하게 되면 어떤 효과를 기대할 수 있을까?

고경태 / 한국기초과학지원연구원 선임연구원

"과거로 돌아가서 현재 우리가 사용하고 있는 고성능의 반도체 혹은 새로운 신약들을 봤을 때, 해당 연구가 10년 혹은 20년 전에 방사광 가속기 X선을 활용하여 활발하게 연구된 기초과학의 성과 위에서 나온 제품들입니다.

그렇게 본다면 새로 구축되는 4세대 방사광 가속기에서 생성될 것으로 기대되는 첨단 기초과학 연구 결과는 향후 2050년 이후 대한민국의 산업 및 일상생활에 매우 중요한 기반을 제공할 것으로 생각됩니다."

🔬 한국형 중이온 가속기 라온의 탄생

그런가 하면 세계 가속기의 역사를 바꿀 또 하나의 거대 프로젝트가 펼쳐지고 있다. 2011년 12월 기초과학연구원은 '중이온 가속기 건설 구축 사업단'을 출범했다. 바로 한국형 중이온 가속기 '라온(RAON)'을 건설하겠다는 목표를 발표한 것이다. 무엇보다 국내 독자 기술로 세계 최고의 성능을 자랑하는 한국형 중이온 가속기라는 점에서 출발부터 뜨거운 관심을 받았다.

중이온 가속기란 전자를 잃거나 얻음으로써 전기를 띠게 된 원자 중 무거운 금속 이온을 아주 빠른 속도로 가속시키는 장치를 말한다. 이때 가속 입자를 표적과 충돌시키면 핵반응을 일으키며 자연 상태에서는 존재하지 않는 새로운 희귀동위원소를 만들어내는 것이다.

신택수 / 기초과학연구원 중이온 가속기 건설구축 사업단 연구위원

"기초과학연구원이 구축 중인 중이온 가속기는 '라온'이라고 부르는데요. 라온 중이온 가속기는 수소이온부터 우라늄 이온까지 다양한 이온을 가속하고 그를 통해 희귀동위원소를 발생시키는 활용 연구 장치입니다.

이를 통해서 방사성동위원소가 가지고 있는 핵 특성의 연구를 통하고 그것을 활용하게 되면 우주 원소의 기원 그리고 별이 어떻게 진화했는지, 왜 하나의 동위원소는 숫자가 제한되어있는지에 관련된 아주 사소하지만 아주 중요한 질문들에 대한 답을 할 수 있는 기반

거의 모든 것의 과학

시설로 자리매김하게 될 것 같습니다."

우주의 나이 약 137억 년. 빅뱅 이후 우주의 진화 과정에서 수많은 원소가 생성됐다가 사라졌다. 그 결과 지구상에 자연적으로 존재하는 안정 동위원소는 약 300여 개이며 입자 가속기와 같은 연구시설을 통해 현재까지 발견된 동위원소는 약 3천여 개다.

여기에 중이온 가속기를 통해 과학자들은 약 7천여 개의 '동위원소'를 새롭게 더 발견할 수 있다고 보는 것이다. 이렇게 새롭게 발견된 원소들은 우주 탄생의 비밀을 파헤치는 열쇠가 되기도 했다.

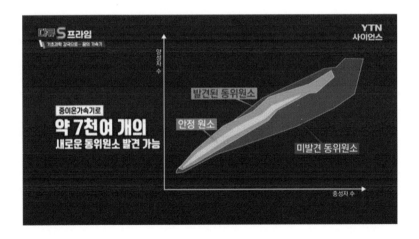

새로운 원소 찾기에 과학 선진국들은 가속기 설치를 앞다퉈 막대한 투자를 하기 시작했고, 그 결과 원자번호 32번 게르마늄(Ge)과 원자번호 87번 프랑슘(Fr), 원자번호 95번 아메리슘(Am) 그리고 원자번호

113번 니호늄(Nh) 등 국가와 지역의 이름을 반영한 원소들이 새롭게 발견됐다. 그리고 이제 우리나라도 대한민국의 이름을 딴 새로운 원소 '코리아늄'을 찾아야 한다는 바람이 절실해지고 있다.

그 원대한 꿈이 펼쳐지는 라온의 건설 현장인 대전 유성구를 찾아가 봤다. 한국 차세대 기초과학 연구의 핵심 인프라가 될 라온. 그렇다면 현재 라온은 어디까지 구축이 진행됐을까? 단군 이래 최대 규모 연구 시설이라 불리는 라온은 그 부지 면적만 약 95만 제곱미터에 달한다.

이는 축구장 면적(6,930㎡) 137개, 여의도(2,900,000㎡) 면적의 약 3분의 1 크기다. 또한 건물은 총 11동으로 연면적 116,298㎡로 그중 가속 기동(단일건물)의 연면적만 해도 77,636㎡로 축구장(면적 6,930㎡) 11개 규모로 알려져 있다. 라온 건설에는 67만여 명의 건설 인력이 투입(20년 말 산출기준)되며 대규모 공사가 이뤄졌다.

그만큼 엄청난 스케일을 자랑하는 라온, 그 안에는 어떤 비밀이 숨겨져 있을까? 라온은 크게 3개로 나눌 수 있는데, 희귀동위원소 발생 장치와 가속 장치 그리고 실험 장치이다.

① 희귀동위원소

먼저 희귀동위원소를 만들기 위한 라온 실험의 출발점은 바로 '아이솔 시스템(ISOL System)'이라 할 수 있다.

거의 모든 것의 과학

"이곳은 저희 중이온 가속기가 시작되는 곳입니다. 그래서 이것을 보시면 복잡한 장치들이 있는데요. 저 너머에 있는 아이솔(ISOL)이라고 하는 희귀동위원소를 생성하고 분리하는 장치입니다. 보이시는 빔 라인을 따라서 저희가 순도를 높이고 빔의 질을 더 좋게 만드는 장치들이 배치되어 있습니다. 현재는 설치가 다 되어서 시운전 중에 있습니다."

가속기를 이용한 희귀동위원소 생성 방법은 두 가지로, 가벼운 원소를 두꺼운 표적에 충돌시키는 '아이솔*' 방식은 순도가 높은 동위원소를 생성

ISOL과 IF 방식이 적용된 라온 이해

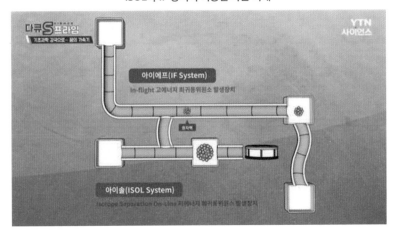

* ISOL Systems, Isotope Separation On-Line 저에너지 회귀동위원소 발생장치

할 수 있는 반면 종류가 제한적이다. 반대로 무거운 원소를 가벼운 표적에 충돌시키는 '아이에프*' 방식은 순도는 떨어지지만 생성할 수 있는 원소 종류가 다양하다. 라온은 세계 최초로 두 방식을 모두 적용한 가속기라는 점에서 주목받고 있다.

② 가속 장치

이렇게 희귀동위원소 장치를 통해 생성된 물질은 라온의 속살이라 할 수 있는 가속 장치로 보내진다. 이 멋진 원통형 장치는 라온 3단계 가속 구간 중 첫 단계인 '고주파사중극자(RFQ Radio Frequency Quadruple) 선형 가속기'로 낮은 에너지 상태의 중이온 빔을 모으고 가속하는 역할을 한다. 기초과학연구원은 지난 2016년 이 RFG 선형 가속기를 국내 기술로 개발하고 중이온빔 가속에도 성공하는 쾌거를 이뤄냈다.

권영관 / 기초과학연구원 중이온 가속기 건설구축 사업단 부단장

"RFQ는 이온원에서 만들어진 핵자 당 10KeV 정도 되는 에너지의 이온빔이 RFQ를 통과하면, 핵자 당 500KeV까지 에너지가 높아집니다. 높아진 에너지를 가지고 저희가 초전도 가속기를 통해서 더 높은 에너지로 가속할 수 있는 장치라고 보시면 될 것 같습니다."

* IF System, In-flight 고에너지 희귀동위원소 발생장치

거의 모든 것의 과학

양성자부터 중이온까지 다양한 입자를 가속시키는 라온, 또 하나의 핵심 기술력은 바로 '초전도 선형 가속기'다. 초전도란 매우 낮은 온도에서 전기저항이 0이 되는 현상으로, 초전도 상태에선 기차를 띄워 이동시킬 수 있을 만큼 강한 전자석이 만들어진다. 라온은 이러한 초전도체를 이용해 입자를 가속시키는 것이다.

저에너지 구간의 초전도 가속 장치는 100m 정도의 일직선으로 연결돼 우라늄과 같은 무거운 이온은 초당 3만km 즉, 빛의 속도의 10분의 1 이상으로 가속하는 역할을 수행한다. 중이온 가속기의 가장 어려운 기술이자 핵심이라고 할 수 있다.

권영관 / 기초과학연구원 중이온 가속기 건설구축 사업단 부단장

"보시면 중간중간에 주황색으로 보이는 물체들이 있습니다. 모듈들을 통해서 가속되면 중간중간에 있는 빔들이 계속 공간상에서 퍼집니다. 이때 빔이 퍼지는 것들을 잡아 주는 집송 역할도 해야 하고, 또 중간중간 빔이 잘 오고 있는지 확인하는 작업이 필요해서 저희가 진단 장치라고 하는데 그 진단 장치가 들어가게 됩니다.

또 여기는 고진공 10torr(토르) 이상의 고진공에서 운전되기 때문에 다양한 진공 장비가 이렇게 필요하고 저 위쪽으로 보시면 다양한 배관들이 있습니다. 이 배관들도 여기 전력을 공급하거나 헬륨을 공급하거나, 신호선을 빼거나 하는 부분들을 위해서 필요한 복잡한 배관들로 이루어져 있다고 보시면 됩니다.

미래를 선도하는 K-과학

현재는 설치가 다 되어서 냉각을 기다리고 있습니다. 저희가 극저온 플랜트가 다 준비되면 이 구역이 전부 냉각돼서 그 이후에 본격적으로 빔 인출을 시작할 수 있는 그런 준비 작업을 진행하고 있습니다."

초전도 가속장치의 진단 장비

라온의 본격 가동을 위해서는 영하 271℃를 맞추는 극저온 시스템 역시 중요한 상황이다. 극저온 플랜트에서 냉각된 액체 헬륨을 초전도 선형 가속기에 안정적으로 공급하고 가속관이 초전도 상태를 유지할 수 있는 환경을 구축하고 있다.

정연세 / 기초과학연구원 시스템통합부장

"초전도 가속기는 모든 공정이 다 옳게 진행돼야만 구현되는 장치입니다. 그래서 각각 단계에 있는 모든 노하우뿐만 아니라 전체를 종합하고 잘 결집하는 것에 노하우가 많이 필요합니다. 사업 초기는 초전도 가속기를 개발할 수 있는 인력과 시설도 없었고, 제작 업체도 전무한 상태였습니다.

그러나 현재는 설계부터 제작 전 과정을 우리가 독자적으로 수행할

거의 모든 것의 과학

수 있다는 데 큰 의미가 있습니다. 또한 초전도 가속기 개발은 우리가 세계적으로 8번째로 구축할 수 있는 나라가 되었다는 데 의미가 있습니다."

이로써 초전도 가속 모듈을 독자적으로 설계·제작하고 성능 시험까지 할 수 있는 기술력을 갖춘 국가로 미국, 캐나다, 프랑스, 독일, 이탈리아, 중국, 일본에 이어 우리나라가 8번째 이름을 올리게 됐다.

③ 실험 장치

그런가 하면 거대 과학시설인 중이온 가속기 라온의 실시간 상태 등을 제어하고 오류 감지나 보호를 수행하는 중앙제어시스템까지. 이처럼 치밀한 과정을 통해 다양한 동위원소들로부터 전자를 떼어내고 원하는 에너지로 가속해 빔을 만들게 되는 것이다. 양질의 빔을 이용해 핵물리학 실험 등을 중점적으로 수행해나갈 예정이다.

미래를 선도하는 K-과학

권영관 / 기초과학연구원 중이온 가속기 건설구축 사업단 부단장

"지금 이곳은 저에너지 가속관을 통해서 가속된 빔이 오면, 이 방 안에서 핵반응을 표적하고 빔이 충돌해서 만들어지는 다양한 핵반응 실험을 할 수 있는 장치가 되어 있습니다. 여기는 구축이 완료돼서 현재 시운전하고 있습니다. 그래서 빠르면 올해 빔이 인출되고 내년부터는 이곳에서 실험할 수 있는 준비 작업을 진행하고 있습니다. 앞으로 많은 실험 결과들이 나올 것으로 기대하고 있습니다."

장장 10년간 이뤄진 한국형 중이온 가속기를 만들기 위한 긴 여정. 그야말로 무에서 유를 창조해내듯 독자적인 기술력을 하나씩 갖추며 우리의 저력을 세계에 입증하는 계기가 되었다. 그렇다면 라온을 통해 과학자들은, 그리고 우리는 무엇을 꿈꿀 수 있을까?

악셀 팀머만 / 기초과학연구원 기후물리연구단장

"라온 가속기 연구의 매력은 다양한 분야를 결합할 수 있다는 것입니다. 이를 활용해 생물의학 연구를 할 수도 있고 기초과학, 핵 과학 심지어 천체물리학에 적용할 수도 있습니다. 즉, 다양한 연구 분야에 시너지 효과를 창출할 수 있는 도구가 되어 많은 연구 분야에서 이를 통해 혜택을 얻을 수 있습니다. 한국이 이런 중대한 기초과학 연구에 착수했다는 것은 훌륭한 일입니다. 아마 현재 이 연구 프로젝트가 세계 최대 연구 중 하나일 것입니다."

거의 모든 것의 과학

신택수 / 기초과학연구원 중이온 가속기 건설구축 사업단 연구위원

"중이온 가속기 건설구축 사업단에서는 희귀동위원소 과학을 통해 저희가 핵 과학과 우주와 관련된 기본을 조사하는 단계에서 분명한 기술 발전이 있을 것입니다. 또한 직접적인 실생활 응용과 관련된 기술 발전이 중이온 가속기 연구를 통해 이뤄질 거라고 생각됩니다."

중이온 가속기를 통해 새롭게 발견되는 희귀동위원소는 기초과학 연구뿐 아니라 우리 실생활에도 밀접하게 활용되고 있다. 달 탐사선과 인공위성에 사용되는 첨단 특수소재의 발전을 이끌었고, 친환경 전기자동차에 사용되는 고용량 전지의 개발, 저온에서 크는 멜론, 비료가 필요 없는 벼 등 인류의 새로운 미래 먹거리와 신품종 개발에도 활용되어 왔다. 더 나아가 전문가들은 암 또는 뇌 질환 치료에도 중요한 역할을 할 것으로 내다보고 있다.

신희섭 / 기초과학연구원 명예연구위원 · 뇌 과학자

"앞으로 중이온 가속기가 아주 중요하게 쓰일 것입니다. 생체 내에서 일어나고 있는 현상을 이미지로 보는 영상 기술이 점점 더 필요해지고 있습니다. 우리가 잘 아는 MRI뿐 아니라 PET*라는 기계도 있습니다. PET는 예를 들면, 몸속에 포도당을 분자에다 동위원소를

---

* Positron Emission Tomography 양전자 단층촬영

　　　　　　　　　　　　　　　미래를 선도하는 K-과학

포함시킵니다. 그게 몸에 들어갔을 때 밖에서 사진도 찍을 수가 있는 것이 PET입니다. 그런데 그것을 위해서는 동위원소를 만드는 기술이 필요한 데, 어떤 분자 어떤 물질을 가속기로 처리하면 거기에 새로운 물질이 만들어지고 동위원소들이 만들어집니다. 그런 것을 통해 앞으로 뇌 영상에 아주 유용하게 쓰게 될 것이고 그 결과는 결국 사람의 뇌 질환 진단에도 쓰이게 될 것입니다. 가속기가 생김으로써 뇌 연구를 하는 데 많은 도움이 될 거로 저는 기대하고 있습니다."

세상을 바꾸게 될 새로운 원소를 찾아내기 위해 악착같이 뛰어온 이들. 온갖 어려운 상황에서도 포기하지 않은 결과인 라온의 꿈은 이제 곧 우리 눈 앞에 펼쳐질 것으로 보인다. 2022년 10월 최초 중이온빔 인출을 목표로 박차를 가하고 있다.

정연세 / 기초과학연구원 시스템통합부장

"현재 저희가 모든 장치 설치를 완료했으며 종합점검을 단계적으로 진행하고 있습니다. 조금 미진한 극저온 시설이 본격적으로 가동되고 초전도 가속이 냉각된다면, 10월부터는 빔 시운전을 착수하여 목표한 2022년 10월 말에는 빔 인출이 가능할 거로 보고 있습니다."

권영관 / 기초과학연구원 중이온 가속기 건설구축 사업단 부단장

"우리 사업이 그동안 10년의 대장정을 거쳐서 첫 번째 결실을 맞이

거의 모든 것의 과학

하는 현재 이 시점에 와 있습니다. 그동안 많은 분이 이 사업에 참여하셨고, 덕분에 잘 완성되고 그 이후에 시설을 이용하실 많은 이용자분이 오랜 기다림과 많은 기대를 갖고 계실 텐데요.

저는 개인적으로도 중이온 가속기를 이용하는 이용자로서 그동안 연구해 온 경험이 있기 때문에 제 꿈이기도 합니다. 그래서 이 꿈이 더 넓게 펼쳐지기를 기대하고 있습니다."

🔬 작지만 강한 중이온 가속기 14GHz ECR* 이온원

충남 지역을 중심으로 초대형 가속기 시설이 속속 들어서고 있는 가운데, 중소형 가속기 분야에서도 새로운 돌파구가 마련되고 있다. 고려대학교 세종캠퍼스에서는 우리나라 유일의 가속기 전문 센터가 자리하고 있다.

최근 이곳에서는 우리나라에서 가장 높은 중이온 빔 전류를 인출할 수 있는 '14GHz ECR 이온원'을 확보하는 성과를 거뒀다. 여기서 말하는 14GHz는 라디오 주파수를 말하는데, 기존 주파수보다 파장이 짧아 이온을 생성할 때 더 많은 에너지를 전달할 수 있다는 장점이 있다고 한다.

---

* Electronic Cyclotron Resonance 전자 사이클로트론 공명

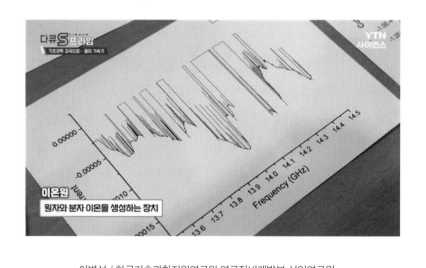

이병섭 / 한국기초과학지원연구원 연구장비개발부 선임연구원

"소형 중이온 가속기를 만들려면 그에 필요한 이온원도 필요합니다. 그중 가장 힘이 센 게 14GHz라고 생각하시면 됩니다. 그러니까 작은 사이즈에서 구현할 수 있는 가장 힘이 센 이온원이라고 생각하시면 될 것 같습니다."

이처럼 '작지만 강한 중이온 가속기'를 확보하고 또 이온빔 인출에 성공하기까지 우여곡절도 많았다고 한다. 일본 동경공업대학에서 20년간 사용했던 이온빔 장치를 기증받아 순수 국내 기술로 새롭게 개조하다시피 해야 했기 때문이다.

이병섭 / 한국기초과학지원연구원 연구장비개발부 선임연구원

"일본에서 넘어왔을 때 솔직히 말씀드리면, 자석 빼고는 다 갖다 버

려야 하는 상황이었습니다. 성능을 실제로 따져보니까 여러 가지 문제가 발생했습니다. 고전압으로 올라갈 때 15kV(킬로볼트) 이상 올라가지 못하는 문제가 발생했습니다.

그래서 자기장을 완전히 프로파일을 바꾼 거죠. 프로파일을 바꿔서 좋은 성능을 낼 수 있도록 만든 것이고, 운영하는 기술도 바꿔서 최적의 주파수를 찾아내는 운용 기술을 추가로 개발해서 개선했습니다. 400kV로 올라가면서 이온원을 생산할 수 있는 그런 성능이 더 올라갔습니다."

이병섭 박사 팀이 업그레이드한 14GHz ECR 이온원

2년간 수많은 시행착오를 겪으며 일본에서 기증받은 중이온 가속기의 기능성을 업그레이드한 이병섭 박사. 일본에서보다 3배 이상 높고 안정적인 빔 인출에 성공한 것이다. 하지만 무엇보다 중요한 것은 그

미래를 선도하는 K-과학

동안 가속기가 필요했던 이용자들의 접근성을 높였다는 것이다. 실제로 이번에 개발된 중이온 가속기는 크기가 작아서 어느 연구실에나 설치할 수 있고, 대부분의 부품과 장비가 국산화되어 유지·보수도 쉬워졌다.

이병섭 / 한국기초과학지원연구원 연구장비개발부 선임연구원

"기초과학 연구하시는 분들이 생각보다 한국에 매우 많습니다. 게다가 이분들이 많은 아이디어도 갖고 있습니다. 그런데 이 아이디어들을 작은 규모에서 실현하고 싶어 합니다. 그래서 그분들의 요구를 들어드리기 위해서 만들었기 때문에 접근이 용이한 것을 강점으로 하기 위해 노력했습니다."

연구팀은 단순히 가속기 업그레이드뿐 아니라 이온빔 장치를 운영하는 데 필요한 인프라를 구축했다. 진공 장치와 냉각장치 등 이온빔 인출에 필수적으로 필요한 부품과 기반 설비는 기본으로 안전하게 운용할 수 있는 제어 시스템과 운영 프로그램도 개발했다.

김지수 / 고려대학교 가속기과학과 대학원 박사 과정

"ECR 이온원 같은 경우에도 자동차와 마찬가지로 운전자들이 필요하고 기술도 필요합니다. 여기 보이는 화면의 경우 핸들과 브레이크에 해당하는 부분이고, 이 부분들을 활용해서 ECR이라는 이온원 장

치를 움직이게 됩니다. ECR이라는 장치가 움직이려면 진공도를 확

인해야 하고 RFG 정도를 확인해야 하고 고전압 영역을 확인해야 합

니다. 이 모든 영역이 안전과 직결돼있기 때문에 안전상태를 확인하

기 위해서 조수석에 앉아있는 사람도 화면을 보고 진공도를 같이 확

작지만 강한 중이온 가속기와 핸들 브레이크 역할 화면

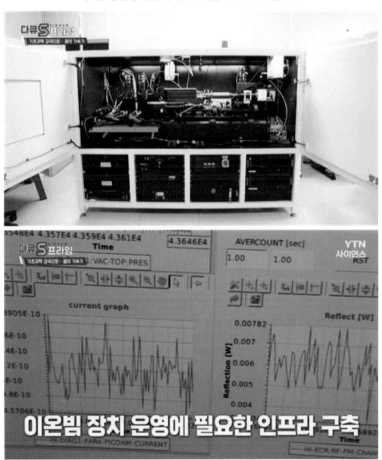

미래를 선도하는 K-과학

인하면서 안전 운영하게 되어 있습니다. 또 안에서는 방사선이 굉장히 많이 나오기 때문에 사람이 들어가서 작업할 수 없습니다. 그래서 밖에 있는 사람들이 안쪽 상황을 가장 정확하게 확인하기 위해서 많은 카메라가 설치되어 있고, 많은 지표를 확인할 수 있도록 PC를 여러 대 운영하면서 두 명이 운전하고 있습니다."

이런 성과를 낼 수 있었던 것은 가속기학과를 전공한 대학생들의 힘이 컸다. 실제로 이곳에서는 산업 현장에서 실질적으로 활용될 수 있는 가속기 연구에 학생들이 직접 참여해왔다. 하지만 앞으로 우리나라 기초과학 연구자들이 마음껏 역량을 펼칠 수 있도록 가속기 분야를 키워나가려면 더 많은 인재가 필요한 상황이다.

이병섭 / 한국기초과학지원연구원 연구장비개발부 선임연구원

"가속기를 하는 사람에게 미래가 어떠냐고 물어보시면 '저희는 미래를 준비하는 사람들입니다'라고 말씀드릴 것 같아요. 지식적인 수준에서는 현재 전 세계적으로 우리나라가 더 이상 뒤처지지 않습니다. 문제는 '연구 인력'입니다.

중국에 저와 같은 이온원을 연구하는 학생이 천 명이 넘습니다. 일당백이 아니고 일당 천을 해야 하는 상황이라 국제 공동연구를 많이 한다고 말씀드렸잖아요. 인력이 모자라다 보니까 저희가 많은 몫을 할 수가 없습니다."

실제로 전문가들은 우리나라가 가속기 분야에서 세계를 선도하기 위해서는 무엇보다 인재 양성이 첫 번째 조건이 되어야 한다고 입을 모은다. 하지만 요즘 학생들에게 기초과학은 도전하기 힘든 분야다. 이곳 학생들은 어떤 목표를 가지고 가속기과학과를 선택한 걸까?

유재홍 / 고려대학교 가속기과학과 대학원 석사과정

"저는 서울대 치과병원에서 방사선사로 근무하고 있었습니다. 그런데 우연히 기계를 분석해 내부를 볼 수 있는 기회가 생겼는데 그때 기계 내부를 자세히 아는 분들이 거의 없다는 것을 깨닫게 되었습니다. 그래서 가속기에 있어서 전문적인 지식이 필요한 인재가 언젠가는 필요하겠다고 판단하게 되었습니다. 그래서 찾다 보니까 가속기과학과가 있다는 것을 알고 이곳에 진학하게 되었습니다."

김근호 / 고려대학교 가속기과학과 대학원 석·박사통합 과정

"청주 오창에 방사광 가속기가 새로 지어지게 되는데요. 개인적으로는 오창 방사광 가속기 쪽에서 연구직으로 일하는 것을 목표로 하고 있습니다. 아무래도 국내가 다른 해외에 비해 가속기 분야가 조금 약한 편인데 그쪽에서 많이 투자해서 기초과학 분야에서도 많은 연구를 하게 된다면, 앞으로 '국내에서도 노벨상을 받는 사람도 기대해볼 수 있지 않을까?'라는 생각하고 있습니다."

기초과학은 사람의 호기심에서 시작되는 과학이라고도 말한다. 하지만 이러한 기초과학에서 우리 산업의 미래 먹거리가 나올 수 있고, 새로운 세상을 그릴 수 있다는 게 기초과학의 패러독스이기도 하다. 그 믿음으로 많은 과학자가 기초과학이라는 기나긴 여정을 걸어가고 있다.

신희섭 / 기초과학연구원 명예연구위원 · 뇌 과학자

"기초과학과 응용과학을 구분하는 기준이 있죠. 응용과학은 이른 시간 안에 응용과 산업화하고 사람들에게 도움이 되지만 기초과학은 그렇지 않죠. 대신 긴 눈으로 봤을 때 기초과학이 기여한다고 하더라도 실제로 많은 연구와 많은 응용과학이 기초과학에서부터 시작했습니다.

노벨상을 받은 연구들도 보면 사람들에게 도움이 되는 것들이 상을 받게 되는데, 그 일의 시작은 언제나 기초과학이었죠. 기초과학도 근본적으로 중요한 질문이 있습니다. 그런 것들은 더 넓은 인간의 지식을 팽창하면서 나중에 응용과학으로 연결됐을 때는 엄청난 효과를 내는 거죠."

정연세 / 기초과학연구원 시스템통합부장

"대형 가속기를 활용한 연구가 세계적으로 약 1960년대부터 시작되었습니다. 한국 사람들은 한 1980년대부터 참여하기 시작했고 2000

거의 모든 것의 과학

년 가까이 됐을 때는, 그 많은 가속기 연구에 참여했던 연구자들이 해외 가속기만을 활용하지 말고 국내에도 가속기 시설을 만들어서 기초과학 연구를 하고자 하는 욕구가 강했습니다.

해외는 최소 30년 정도 개발했고 우리나라는 고작 10년 정도 해서 대형 가속기 구축단계가 됐다고 말할 수 있겠습니다. 바라기로는 한 10년 후에는 우리도 해외와 기술력이 동등한 수준이 되기를 기대하고 있습니다."

신택수 / 기초과학연구원 중이온 가속기 건설구축 사업단 연구위원

"저희가 희귀동위원소를 성공적으로 생성하고 가속해서 연구에 시작하게 되면 세계적인 연구소가 될 거라는 데 확신이 있습니다. 이를 통해서 한국의 기초과학이 진보하는 데 저희가 일조할 수 있다면 바람이 없겠습니다."

수많은 실패와 기다림 그리고 인내라는 밑거름을 가지고 열매를 맺게 되는 기초과학! 가속기 국산화를 시작으로 기초과학 강국을 향한 도약이 펼쳐지고 있다.

미래를 선도하는 K-과학

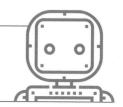

뉴 모빌리티
시대가 온다

꼭 막힌 출퇴근 시간, 꼼짝도 할 수 없는 도로에서 누구나 한 번쯤 하는 상상이 있다.

"하늘길을 이용해 목적지까지 한 번에 간다면 얼마나 좋을까?"

손을 대지 않아도 자동차가 움직이고 그 안에서 무엇이든 할 수 있는 세상. 지난 100여 년 동안 과학기술은 빠르게 발전해 왔고 교통수단 또한 빠르게 진화하고 있다. 게다가 얼마 전, 국토교통부가 '한국형 도심항공교통(K-UAM) 공항실증'을 진행하며 차세대 교통수단에 대한 가능성을 보여줬다. 하지만 아직 갈 길이 멀다. 지금보다 발전된 형태의 모빌리티가 갖춰야 할 조건이 많다. 전 세계 구석구석까지 빠르게 이동할 수 있어야 하고 친환경적이어야 하며 지속 가능해야 한다. 그리고 우리의 안전까지 지켜줘야 한다.

탈것의 등장과 진화는 사회 전반의 많은 것을 바꾸어놓았다. 말과 마차로 시작된 이동 수단은 기차와 자동차, 배에서 비행기까지 발전했고 공상과학소설이나 SF 영화에 등장하던 로봇이나 전기자동차, 자율주행 자동차가 그저 상상 속 이야기가 아니란 것을 알게 됐다.

이제 인간의 이동 범위는 지구를 벗어나 우주로까지 향하고 있다. 교통의 발달은 사회경제 발달의 원동력이 되어주었고 국토의 균형 발전을 이루기 위해 반드시 필요한 중요 요소로 꼽히고 있다. 인류의 탐구는 여기서 멈추지 않는다. 항공기보다 빠르게 이동하는 하이퍼루프*나 완전 자율주행과 비행이 가능한 미래를 우리는 기다리고 있다. 우리의 과학기술이 만들어낼 뉴 모빌리티의 시대, 그 여정을 따라가 보자.

🕯하늘을 나는 자동차, UAM의 의미

미래형 교통수단을 이야기할 때 많은 이가 가장 먼저 하늘을 날아다니는 비행체를 떠올린다. 그중 제일 먼저 손꼽히는 게 'UAM'이다. UAM(Urban Air Mobility)이란 도심항공 모빌리티를 뜻한다.

나진항 / 국토교통부 미래드론담당관

"UAM은 하늘을 나는 자동차 또는 드론 택시라는 이름으로 더 잘 알려져 있습니다. 과학기술이 발달하면서 기존에는 상상으로만 존재했던 하늘을 나는 자동차가 도심으로 들어올 수 있게 된 것입니

---

* Hyperloop 진공 튜브에서 차량을 이동시키는 차세대 이동 수단

미래를 선도하는 K-과학

다. 그러나 사실은 그 자동차가 기체만을 의미하는 것이 아니고 이 기체를 지원하기 위한 인프라, 교통관리체계 전반을 의미한다고 보시면 될 것 같습니다."

라이트형제가 세계 최초의 동력 비행에 성공하고 120여 년이 흘렀다. 하늘을 날 수 있게 된 인류는 그 후로 프로펠러나 왕복동 엔진을 사용해 더 먼 거리를 이동할 수 있게 됐고, 1950년대에는 제트엔진이 개발되면서 항공기 이용요금까지 낮추는 혁신을 이뤘다.

숨 가쁘게 이어져 온 기술 발전은 우리의 일상을 뒤흔들었다. 그리고 2000년대 들어서면서 전 세계 글로벌 기업은 앞다퉈 UAM 시장 진출을 선언했고 기술 개발 경쟁에 열을 올리고 있다. 그 이유는 무엇일까?

출처: 현대자동차그룹

도로와 철도 교통의 발달로 대도시가 형성됐다. 하지만 그와 동시에 교통시설이 미비한 주변 지역의 낙후를 초래했다. 대도시와 주변 지역을 잇는 신작로를 개설하고, 간선도로를 더해 연결고리를 늘렸지만 불어난 자동차로 교통체증은 더욱 심각해져 가고 있다.

거의 모든 것의 과학

이러한 상황에서 새로운 기술인 UAM이 새 희망으로 떠올랐다. 메가시티 교통 문제를 해결하며 글로벌 거대 시장으로 성장할 거로 예측한 것이다.

김종암 / 서울대학교 기계항공공학부 교수

"단순히 도로와 철도의 확장만으로는 모빌리티 문제를 해결할 수 없습니다. 그리고 매년 천문학적인 도로교통 혼잡비용도 발생하기 때문에 이에 대한 근본적인 해결책이 필요합니다. 이에 대한 어떤 근본적인 해결 방안으로서 제3의 교통수단인 UAM을 도입한 것은 어쩔 수 없는 선택입니다."

2018년 기준 우리나라 정부에서 추정한 교통혼잡비용은 약 67조 8천억 원(한국교통연구원). 도시와 지방 간 국토개발 불균형 때문에 발생하는 비용과 이를 해소하기 위한 비용도 많이 든다. UAM이 상용화되면 국토의 균형적인 발전은 물론, 사회적 비용도 줄여줄 거라 기대하고 있다.

김현명 / 명지대학교 교통공학과 교수

"우리나라가 강남역 같은 곳보다 외곽지역들에서도 사실 인구밀도가 높지 않은 도시들이 있습니다. 그런데 이러한 지역들에 대한 교통 서비스가 낙후된 것이 사실입니다. 지하철이 들어가 있지 않은 경우들도 있습니다. 그런데 잘 아시다시피 국토 공간을 넓게 쓰기 위해서는 전기나 도로 같은 인프라들이 깔려야만 교통수단이 위에 올라갈 수가 있습니다.

그런 면에서 UAM의 가장 큰 장점은 도로를 설치하지 않더라도 점에서 점으로 사람을 실어 나를 수 있는 교통수단이라는 것이죠. 그래서 사회적 거리두기 과제가 세계 여러 나라의 당면 과제로 떠오르고 있는 지금 UAM은 도시교통수단으로써 가치가 재평가되고 있고 말씀드릴 수 있습니다."

🔦 UAM의 핵심 기술력

일반적으로 UAM을 떠올릴 땐 헬리콥터와 같은 형태를 생각한다. 그리고 궁금증을 품게 된다. 헬리콥터와는 어떻게 다르고, 기존의 우리가 알고 있는 비행체들과의 차이는 무엇인지 말이다.

김현명 / 명지대학교 교통공학과 교수

"기존에 헬리콥터가 있지 않았냐는 의문을 가지실 겁니다. 수송 형태로 보면 거의 유사한 수단이라고 볼 수가 있는데, 헬리콥터는 내연기관이고 기계적인 장치로 나는 제품이기 때문에 유지관리에 따른 위험부담과 소음도 대단히 큰 수단입니다.

이런 분위기에서 사실은 모터나 전기 측면에서도 조금 더 안전성이

거의 모든 것의 과학

보장된 수단으로서의 드론이 항공 교통수단으로 이용될 수 있지 않을까 하는 대안으로 대두되면서 최근에 각광받고 있는 교통수단이라고 할 수 있습니다."

도시의 교통체증과 환경문제를 해결할 수 있는 새로운 수단으로 각광받는 UAM. 도심에서 운항하기에는 여러 소음과 공해가 심해 실용화되지 못했던 도심 항공기가 어떤 원리로 지상에 있는 사람들에게 피해를 주지 않고 저렴하게 이용할 수 있는 대중교통수단이 될 수 있는 걸까?

황창전 / 한국항공우주연구원 개인항공기사업단장

"기술 부족 문제로 실용화되지 못했었는데 이제는 기술이 어느 정도 갖춰져서 이룩할 수 있는 시기가 된 것입니다. 새로운 기술이 전기동력을 사용하는 부분 또 수직이착륙하는 부분, 천이 비행*하는 부분 등에 전기동력을 사용합니다.

우리가 소위 'Fly By Wire'**라고 해서 전기식으로 작동기를 제어하는 방식의 제어방식이라든지 또는 자동 비행이나 자율 비행 기술 같은 부분들이 안전성을 갖추고 신뢰성 있는 기술로 새로운 개발이 필

---

*   헬기처럼 수직이착륙해 비행기처럼 날아가는 방식

**   전기신호식 비행조종 제어

요한 거죠. 그런 기술이 개발돼서 적용돼야 우리가 도심 내의 항공 교통으로 쓰일 수 있는 비행체가 구현된다고 볼 수 있습니다."

• UAM의 기대조건 ①수직이착륙

도심항공 모빌리티의 중요한 요건 중 하나는 이착륙 방법이다. 어디서든 필요하면 곧바로 날아오를 수 있어야 하고, 활주로 필요 없이 수직으로 이착륙이 가능한 형태의 비행체여야 한다. 연구 목적과 방향에 따라 기체의 종류는 다양하지만 글로벌 기업이 개발 중인 기체들도 마찬가지다.

김종암 / 서울대학교 기계항공공학부 교수

"H사에서 취하고 있는 것은 U사와 공동으로 개발하면서 수직이착륙이 가능한 형태로 돼 있고 로터(회전체)가 8개 정도 있습니다. 그 로터의 기능이 조금씩 다른 걸로 이해하고 있고, 중국의 E사 같은 경우에는 로터 숫자가 그렇게 많지는 않습니다.

그리고 헬기와 비슷한 특성과 형태를 지니고 있습니다. 독일의 V사도 조금 다르고, 어떤 경우에는 굉장히 다양한 형태의 로터를 분포시켜서 수직이착륙이 아니라 기존의 고정익 항공기하고 비슷한 형태를 취하고 있습니다. 앞으로 어떤 기술 경쟁이라든가 가격경쟁이라든가 특히 안전성이라든가 하는 것에 있어서 결국 살아남는 기업이 표준으로 자리매김하게 될 것으로 보고 있습니다."

거의 모든 것의 과학

• UAM의 기대조건 ②완전 전기 작동

UAM 비행기체에는 소음 저감과 안전사고 예방을 위해 여러 개의 로터를 구분하는 분산 전기 추진 기술이 사용된다. 분산 전기 추진을 사용하면 기체 주위의 여러 회전자와 프로펠러에 나뉘어 동력이 공급되기 때문에, 1~2개의 프로펠러가 고장 나는 비상 상황에서도 비행이 가능해 더욱 안전하고 소음도 적다.

정민철 / 한국항공공사 도심공항혁신추진단 부장

"eVTOL(전기수직이착륙기) 기체는 여러 개의 프로펠러를 씁니다. 거기에다가 전기를 동력으로 하니까 하나의 축을 통해서 헬기가 움직일 때는 축이 바람이나 여러 가지 문제에 의해서 흔들리게 된다면 안전에 문제가 있었습니다.

eVTOL 항공기체는 각 모터와 프로펠러가 개별로 움직일 수 있는 구조로 만들어졌고, 그것들이 최근에 4차 산업혁명의 신기술 발전으로 최적화시켜서 나갈 수 있는 기술이 되어서 충분히 안정적으로 날 수 있다고 할 수 있겠습니다."

미래를 선도하는 K-과학

우리나라에서 개발 중인 유무인 겸용 자율 비행 개인 항공기

・UAM의 기대조건 ③자율주행

UAM 상용화의 최종목표는 완전 자율주행 비행체를 개발하는 것이다. 하지만 아직 안전성을 입증할 수 없기 때문에 당장은 조종사가 있는 형태의 eVTOL이 서비스될 것으로 예상하고 있다. 그러한 이유로 우리나라는 현재 유무인 겸용 자율 비행 개인 항공기를 개발하고 있다.

심현철 / KAIST 전기 및 전자공학부 교수

"외국에는 기존의 도심항공에 대한 체계가 이미 갖추어져 있습니다. 헬리콥터를 이용해서 도심에서 빨리 빠져나와서 주변의 공항으로 이동한다든가 하는 그런 사업모델들은 부자들을 위한 상당히 비싼 소수의 모델이었습니다. 이 때문에 앞으로는 좀 더 전기 비행체들을 활용한다면, 특히나 또 자율로 비행할 수 있는 항공기를 이용한다면

거의 모든 것의 과학

이게 더 저렴해지지 않을까 하는 기대가 있습니다."

· UAM의 기대조건 ④인프라

UAM을 활성화하기 위해서는 승객이 비행체에 자유롭게 오르내릴 수 있고, 이동 수단을 충전도 하며 지상의 교통수단과 바로 연결할 수 있는 전용 포트가 필요하다. 도심 속 이착륙장 개수가 늘어나면 조금 더 많은 사람이 자기 집과 가까운 곳에서 하늘을 나는 자동차를 이용할 수 있을 것이다.

정민철 / 한국항공공사 도심공항혁신추진단 부장

"도시는 복잡하게 개발되어 있기 때문에 UAM이 기존 도로에 있는 모든 교통수단을 다 대체할 수는 없을 겁니다. 플랫폼을 통해 탑승 예약을 하게 되면 그 예약이 비행계획과 승인으로 이어지고, 승객은 택시를 타고 이착륙장인 버티 포트까지 이동한 이후에 버티 포트에서 안면인식 등 간단한 보안 검색 절차를 거친 다음에 비행기를 타고 목적지까지 날아갑니다. 그리고 다시 예약된 택시나 라스트 마일(모빌리티)을 타고 최종 목적지까지 이동하는 그런 절차를 가지게 될 것 같습니다.

현재 저희는 도심공항의 이착륙장에 관해서 연구하고 있습니다. 또한 항공교통관리를 위해서 안전하게 UAM을 시민들이 이용할 수 있도록 하는 분야 역시 집중적으로 연구하고 있습니다."

미래를 선도하는 K-과학

한국형 도심항공교통(K-UAM) 김포공항에서 종합실증

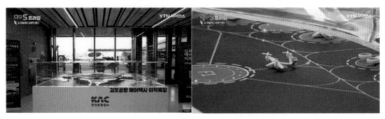

물론 용량이 장점이 되어야 하는 경우 UAM이 대안이 될 수 없다. 수만 명을 한꺼번에 태울 수 있는 항공기 같은 것들이 도심을 돌아다닐 수는 없기 때문이다. 하지만 소수의 인원이 먼 거리를 빠르게 이동해야 하는 경우 아주 중요한 수단이 될 수 있다.

김현명 / 명지대학교 교통공학과 교수

"현관에서 목적지 문 앞까지(Door to Door) 빠른 시간에 이동할 수 있는 수단이 사실은 UAM 이외에 다른 수단이 현재로서는 없는 상황입니다. 그래서 사회적 거리두기 그다음에 도시의 외연 확장에 있어서 중요한 기술 그리고 인프라로서의 UAM이 가치가 있고 갈수록 중요해질 것으로 생각됩니다."

💡 UAM 관련 우리나라 연구상황

중요성을 깨달은 만큼 이미 미국과 유럽의 여러 기업에서는 UAM 시험비행을 진행하고 있고, 우리나라의 기업들도 기체 개발에 매진하고

거의 모든 것의 과학

있다.

나진항 / 국토교통부 미래드론담당관

"국내만 봤을 때는 항공우주연구원에서 현재 OPPAV(한국형 UAM)라는 기체를 만들고 있습니다. 이건 1인승으로 사람이 탑승할 수도 있고 또는 무선으로도 조종할 수 있는 기체인데, 현재는 44% 정도 수준의 축소기에 대해서 비행에 성공했습니다.

2022년에 원래 크기의 기체를 만들고 비행시험에 들어갈 수 있을 것으로 기대하고 있습니다. 항공우주연구원 외에도 우리나라 여러 기업들과 중소기업들도 많이 참여하고 있는데 중소기업들도 기체 개발에 노력하고 있습니다."

한국항공우주연구원은 지난 2007년 세계에서 두 번째로 이착륙과 고속비행이 가능한 '틸트로터 무인기 TR100'을 개발했다. 틸트로터는 프로펠러가 수직 상태로 이착륙 시에 작동하고, 이동할 때는 앞으로 향해 비행할 수 있는 수직이착륙 무인기이다.

그리고 현재는 전기동력 수직이착륙이 가능한 미래형 유무인 겸용 개인 항공기인 'OPPAV(오파브)'의 시장 선점을 위한 기술 개발에 착수했다.

미래를 선도하는 K-과학

한국항공우주연구원에서 개발 중인 OPPAV

김종암 / 서울대학교 기계항공공학부 교수

"틸트로터 타입이 로터를 젖혔다가 기울여야 하는 겁니다. 그러니까 이러한 천이 비행 상태에서 이 비행기 자체가 굉장히 좀 불안정한 특성을 나타낼 수 있는데 그런 걸 극복하는 기술이 핵심 기술로 인식이 되고 있습니다. 그런데 우리나라도 스마트 무인기 사업을 성공적으로 추진하면서 그에 관한 기술을 확보하고 있습니다."

OPPAV 사업은 산업통상자원부와 국토교통부의 지원을 받아 2019년 4월부터 진행됐다. 2023년 말까지 인증 기술과 시험 운용 인프라 구축, 상용화를 위한 교통 서비스 모델 등의 역할을 하게 된다.

거의 모든 것의 과학

"최종적으로는 1인승급의 기술 검증 시제기를 비행시험에서 기술을
확보·검증할 계획입니다. 대략 날개폭으로 봤을 때 한 7m 정도의 폭
을 갖고 있고, 전체 총중량은 650kg 정도가 됩니다. 그다음에 제작
하는 데도 상당히 많은 예산이 투입돼야 하는 부분입니다. 우리가
조종하기 좋은 크기의 축소기에 그걸 적용해서 소프트웨어를 개선
하고 고흥항공센터에서 초도비행을 성공적으로 수행한 바가 있습니
다."

OPPAV 항공기는 기존 스마트 무인기와 달리 작은 로터를 여러 개
달아서 추진력을 분산하고, 수직이착륙 시에는 8개 로터를 모두 사용
하지만 전진 비행을 할 때는 전방 로터 4개만 틸트(로터를 90도로 세우는
방식) 하는 복합형 틸트로터기다. 올해 하반기에는 1인승급 실물기에
적용해 비행할 예정이라고 한다.

"분산 전기 추진 시스템을 하나의 큰 핵심 기술로 보고 있습니다. 자
동비행제어 기술이 또 하나의 큰 핵심 기술입니다. 두 가지 핵심 기
술을 우리가 선행적으로 기술 개발해서 기술을 확보하고 있어야 나
중에 상용화 개발할 때 해외에서 기술 도입을 하지 않고도 우리 힘
으로 상용화 개발을 할 수 있는 것이죠."

또한 전기동력 분산 추진을 사용해 조용하고 엔진 하나 꺼진다고 해도 안전한 비행이 가능하며, 자동화 수준이 굉장히 높아 사고 발생 확률이 상대적으로 적어 도심 속에서 운용할 수 있는 많은 장점을 가지고 있다.

최주원 / 한국항공우주연구원 개인항공기사업단 책임연구원

"항공 쪽에서 요구하는 안전도 수준이 굉장히 높고 기준도 굉장히 까다롭습니다. 기존 항공기들 같은 경우는 이미 오랫동안 사용해서 검증된 부분들이 상당히 많습니다. 하지만 전기동력이라든지 자동화 시스템이라든지 이런 부분에 대해서는 아직 검증되고 실용화된 기술들이 많지 않습니다. 그래서 이걸 실용화하기 위해서는 현재 요구되는 안전도 수준으로 검증하기 위한 많은 시간과 노력이 필요한 부분들이 있겠습니다."

한국항공우주연구원에서 개발 연구 실험 중인 OPPAV

거의 모든 것의 과학

모빌리티 시스템을 움직이는 핵심은 '엔진'이었다. 기존 엔진은 화석 연료 에너지를 기계 에너지로 바꿔 시스템을 움직였다. 이제는 전동기와 발전기로 대표되는 전기 엔진이 그 역할을 대신하고 있다. 이는 UAM 분야에서도 적용된다.

전동기와 발전기는 항공 전기차를 포함한 유무인 드론용 추진 시스템의 핵심 부품임에도 불구하고 아직 국산화되지 못하고 있다. 그 때문에 국내에서 드론 시스템 구성이 어려울 뿐 아니라, 외산 부품 사용으로 인한 안전과 보안에 문제가 발생하고 있어 이를 해결하기 위한 개발을 진행하고 있다.

한국전기연구원에서 개발 중인 유무인 드론 추진 시스템 핵심 부품

이지영 / 한국전기연구원 책임연구원

"현재의 기술은 10kW급 그리고 100kW급 전동기와 발전기에 대해서는 여러 가지 시제품을 설계 또는 제작, 분석 진행 중입니다. 설계대로 기본적인 출력 파워는 나오지만 시스템에 장착해서 최종적으로 사람이 탈 수 있을 정도로 안정적으로 운전되기 위해서는, 열악

미래를 선도하는 K-과학

한 환경 조건에서도 열적으로 또 기계적으로 문제가 없도록 많은 시험과 보완설계가 이루어져야 합니다. 우선 3년 이내에 무인기에 적용할 수준이 되도록 준비하고 있습니다."

한국전기연구원에서 개발 연구 중인 듀얼모드 플라잉카

또한 한국전기연구원은 30년 뒤 개인 항공기와 유인 드론이 대중화된 상황을 고려해 항공교통과 지상 교통을 아우르는 새로운 도심 개인 이동 수단의 개념에 관해서 연구하고 있다.

이기창 / 한국전기연구원 무인이동체 전기추진기술팀장

"하늘 공간에서도 새로운 교통체증 문제가 발생할 수 있기 때문에, 하늘에도 도로나 신호 교통 시스템이 만들어져서 도시와 도시 사이의 먼 거리는 항공 전기차로 이동하고 도시 내에서는 지상 전기차를 이용하는 그러한 개념이 이용될 것입니다.

승객이 탑승한 개인용 항공기가 객차를 안고서 날아가고 지상 전기차가 등에 지고 움직이는 '듀얼모드 플라잉카'를 사용하게 되면 출

거의 모든 것의 과학

퇴근 시 아파트 입구에서 회사 정문까지 이동할 수 있습니다."

국산화와 시장 선점을 위해 부품 모듈화라는 큰 산을 넘어야 하지만, 부품 개발업체 등과 컨소시엄을 구성하고 NDA, MOU를 맺는 등 한국 드론이 해외 상공까지 날아다니길 기대하며 연구에 몰두하고 있다.

그뿐만 아니라 UAM 구현의 핵심 기술인 고출력 전기구동 장치와 환승시설인 버티 포트도 연구하고 있다. 그중에서도 특히 '듀얼모드 플라잉카'와 '모바일 스테이션'을 구현하고자 노력하고 있다.

이기창 / 한국전기연구원 무인이동체 전기추진기술팀장

"저희가 연구하고 있는 모바일 스테이션은 손님이 객차에서 내리지 않고도 이용할 수 있습니다. 손님이 탑승한 선실(cabin)을 항공 전기차에서 지상 전기차로 혹은 지상 전기차에서 항공 전기차로 직접 환승시켜주는 개념이 모바일 스테이션입니다.

이러한 듀얼모드 플라잉카와 모바일 스테이션을 사용하게 되면 현재는 사람들이 출퇴근 만원 버스에서 힘들게 시달리지만 향후에는 출퇴근 시간이 한결 편해질 겁니다."

미래를 선도하는 K-과학

🔬UAM 시대가 가져다줄 미래와 풀어야 할 숙제

UAM이 상용화되고 우리 실생활에 들어오면 무엇이 달라질까? 단순히 빠르고 편리하게 이동할 수 있다는 장점 이외에 또 무엇이 있을까? 비상 의료 시스템이 갖춰지고 무인 택배·드론 배송을 비롯해 항공 관광 서비스, 공중 국경 경비보안, 공중 긴급 지원 배달 그리고 공항과 도시를 연결하는 셔틀 서비스도 가능해질 수 있을 것이다.

이처럼 발전 가능한 연관사업은 무궁무진하고 그로 인해 새로운 업종이 생겨나며 일자리 창출 효과도 기대할 수 있고 우리의 산업 형태도 바뀔 수도 있다. 무엇보다 미래 모빌리티 기술로 우리는 더 나은 환경에서 편리하게 살 수 있을 거라 기대하고 있다.

하지만 아직 기술적으로, 제도적으로 준비해야 할 것이 많다. UAM의 활용도가 높아지기 위해서는 기체적인 측면에서도 장시간 비행이 가능하도록 배터리 기술이 좋아져야 하고, 모터와 프로펠러를 만드는 기술도 중요한 요소다.

최주원 / 한국항공우주연구원 개인항공기사업단 책임연구원

"기존의 항공기들 같은 경우는 유지보수비가 굉장히 많이 듭니다. 전기동력 항공기 같은 경우는 배터리와 모터로 구성되어 있어서 시스템이 굉장히 간단하고 유지보수에서도 관리해야 될 부분들이 적고 굉장히 간편하다는 장점이 있습니다. 그렇지만 현재 배터리 같은 경우는 기존의 화석 연료 대비 중량이 50배 정도 무겁고 같은 에너

지를 내기 위해서 부피가 10배 정도 필요합니다.

그래서 현재의 기술로는 항공기로 사용할 수 있는 수준까지는 왔지만 실제로 비행이 가능한 시간은 약 30분에서 최대 1시간 정도에 불과합니다. 법적으로 요구되는 안전한 예비 비행시간이 추가된다고 하면 실제로 비행할 수 있는 시간은 극히 제한됩니다. 그래서 이것들을 안전하게 그리고 신뢰성 있게 사용하기 위해서는 많은 시험과 최적화 과정, 검증 과정이 필요하게 됩니다."

또한 완전 자율비행 시대를 대비한 기술도 개발되어야 한다. 교통수단으로 우리가 믿고 탈 수 있을 만큼 안전이 확보되어야 한다.

심현철 / KAIST 전기 및 전자공학부 교수

"사람들이 자유롭게 매일매일 탈 수 있을 만큼의 기술적인 진보는 돼 있는데 아직 많은 비행시간이라든가 다양한 경험들이 부족합니다. 그렇기 때문에 그런 것들을 개발을 일단 제일 먼저 해야 할 거고요. 그다음에 따라와야 할 것들이 각종 제도입니다.

사람 머리 위로 비행하려면 기본적인 인증이라는 절차를 거쳐야 하는데 그런 형태의 전기 비행체들은 현재 국제적으로 인증을 주는 기준이 전혀 없습니다. 그래서 우리나라가 선제적으로 개발을 할 수 있다면 우리나라에서 이런 항공기들을 먼저 운용해 볼 수 있을 것으로 생각이 됩니다."

그뿐만 아니라 향후에 안전성 향상과 사용자 편의를 위한 집단관제 기술, 저중량 고강도 소재기술, 사이버 해킹 보안기술 등 여러 가지 기술이 추가로 개발되거나 성숙해야 할 필요가 있다.

김종암 / 서울대학교 기계항공공학부 교수

"PAV(개인용 비행체)가 효율적으로 작동하기 위해서는 '집단관제 기술'이 필요합니다. 기업체에서 이걸 운용하려면 이익이 남아야 하지 않습니까? 이익이 남으려면 그 무게를 줄이는 게 굉장히 중요합니다. 그래서 '저중량 고강도 소재'가 필요한 겁니다.

또 하나는 집단관제를 하다 보면 기체끼리 데이터 공유를 해야 합니다. 그러면 이 데이터가 만약 외부에서 해킹이 들어왔다고 하게 되면, 모든 정보가 드러나게 되기 때문에 우리가 해킹에 굉장히 취약·위험하게 되는 거죠. 그래서 그와 같은 어떤 안전을 담보하기 위해

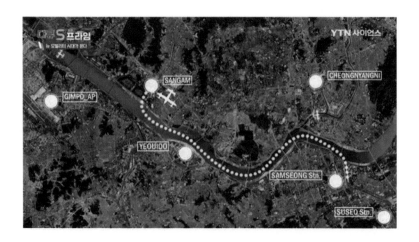

거의 모든 것의 과학

서는 '사이버 해킹에 대한 보안기술' 이런 것들이 필요한 겁니다. 이게 전체적으로 UAM이라는 도심항공 모빌리티를 안전하게 작동할 수 있는 기술입니다."

UAM이 가능해지려면 기체 제작 기술뿐 아니라 인프라도 필요하고 그 길을 관리하는 교통관리체계도 필요하다. 더불어 이 교통관리를 서포트하기 위한 여러 가지 시스템 또한 갖춰져야 한다. 날씨에 대한 정보 등 부가서비스를 제공하는 부분과 기체 정비까지 포함하면 UAM은 우리 예상보다 훨씬 더 방대한 산업 영역이다.

김종암 / 서울대학교 기계항공공학부 교수

"다른 기업과의 협업 문제, 지자체와의 협업 문제, 정부와의 협업 문제 그리고 기술 개발과 정책개발에서 나온 규제를 어떻게 완화할 것이냐 하는 문제와 일반 대중과의 교감. 그래서 사회적인 수용성을 높이는 문제 등 이런 것들이 순조롭게 진행이 되면 충분히 우리가 이 분야를 세계적으로 이끌 수 있다고 생각하고 있습니다."

비행기체의 대수가 증가하다 보면 결국 교통관리가 핵심이 될 것이다. 그에 따라 스마트 기술을 적용한 교통관리 기술이 병행되어야 한다. 그 시작 단계로 우리나라 정부는 지난 2021년 9월 UAM을 관리하기 위한 교통관리 시스템인 'UATM 운용개념'을 발표했다.

미래를 선도하는 K-과학

"기존의 드론은 150m 이하의 낮은 고도를 날게 될 것 같고, 기존의 항공기는 1km 이상의 높은 하늘을 날게 된다면 UAM은 300~600m 정도 수준의 하늘을 날아다니게 되는데 그것도 아무 데나 날아다닐 수 있는 건 아닙니다. 특정한 안전 항로를 선택해서 날아다닐 수 있는 그러한 교통 시스템을 생각하고 있습니다.

그리고 UAM을 관제하고 교통 관리하는 데 있어서 저희가 기존의 항공교통 관리 시스템을 활용하는 건 아니고 LTE라든지 5G 같은 상용 통신망을 이용해서 교통관리를 하게 될 것 같습니다. 이것을 위해서 정부는 2022년부터 R&D 사업을 추진할 계획입니다."

나라마다 교통환경이 다르다. 우리나라는 국토가 넓지 않고 인구밀도가 높으며 기존의 공공 교통수단이 굉장히 발달해 있는 나라다. 반면 미국은 땅이 넓고 기존의 항공산업이 크게 발달해 있어 헬리콥터를 기반으로 한 도심교통환경이 어느 정도 갖춰져 있다.

따라서 아직은 낯선 개념인 UAM에 대한 사회적 합의와 논의가 필요할 것이다. 사람들이 거주하는 지역에 대형 비행체들이 머리 위로 비행한다는 것에 대해서 말이다.

"새로운 형태의 전기 비행체들은 앞으로 계속 개발될 것입니다. 그 비행체들을 다양하게 쓸 수 있을 것인데 '과연 이 비행체들을 우리가 어떤 형태로, 대한민국의 교통상황에 대해서 어떻게 활용할 수 있는가'에 대해서는 차분하고 냉정한 분석이 필요하다고 생각합니다."

안전성 확보와 신뢰성은 UAM 상용화의 핵심 포인트다. 그러기 위해선 수많은 연구와 시험을 통해 검증해 나가야 하고 화재 안정성, 중량으로 인한 내충돌성, 안전 확보 등 기존 항공기와는 다른 기술을 필요로 한다.

김현명 / 명지대학교 교통공학과 교수

"첫 번째는 무조건 안전이라고 생각합니다. 두 번째는 어떤 규제를 풀 것인가, 어떤 규제를 만들 것인가, 어떤 수단으로 이 UAM을 쓸 것인가에 관련된 고민이 남아 있습니다. 저는 이 고민 중에 첫 번째는 '이 수단을 어떻게 쓸 것인가'에 대한 고민이 먼저 끝나야 한다고 봅니다.

그다음으로는 '제도가 만들어'져야 하고 그 제도의 기준안에서 필요 없는 규제는 없애고, 필요한 규제는 추가해서 UAM을 활성화시킬 수 있는 방법으로 가야 한다고 생각합니다.

승용차와 버스는 원래 혼재돼서 달리고 있었습니다. 그런데 우리가 좀 더 효율적으로 도시공간과 도로 공간을 쓰기 위해서 '버스 전용

미래를 선도하는 K-과학

차로'라는 것을 만들어서 굉장히 효율적으로 한정된 도시공간을 쓰고 있습니다. 그렇다면 드론이 들어왔을 때도 역시 마찬가지의 방법이 있어야 하지 않나. 이러한 단계 단계의 경험을 우리가 UAM의 도입에 적용해야 하겠다는 생각하고 있습니다."

미래를 위한 선택, 전기선박 & 초고속 열차

미래형 모빌리티에서 중요한 것은 속도에 대한 부분도 있지만 가장 기본이 되는 밑바탕에는 '친환경'이라는 부분이 빠질 수 없다. 우리나라는 세계에서도 손꼽히는 조선 강국이다. 최근의 선박 발주의 특징을 요약하면 '친환경'과 '스마트'다. 성큼 다가온 미래 모빌리티 시대에 선박 분야도 빠질 수 없다.

한국전기연구원에서 개발 중인 전기선박 친환경 프로펠러

거의 모든 것의 과학

전기선박은 이산화탄소를 배출하지 않아 친환경적이고 연료비용도 저렴할 뿐 아니라 추진 모터의 소음과 진동이 적다. 또한 설치 위치가 자유로워 설계의 유연성이 매우 높고 기존의 디젤엔진 선박보다 조종 능력이 더 높다는 장점이 있다.

무엇보다도 친환경적이라는 면에서 가장 주목받고 있다. 한국해양수산개발원에 따르면 컨테이너 선박 한 척이 디젤 승용차 5,000만 대 분의 황산화물과 트럭 50만 대 분의 초미세먼지(PM2.5)를 배출한다고 한다.

이현구 / 한국전기연구원 시스템제어연구센터장

"국제해사기구(IMO)에서는 2030년까지 해양 환경오염을 예방하기 위한 많은 제안이 따라오고 있는데 전기추진선박이 요새 각광받는 이유는 친환경 선박이라는 점이 가장 큰 이유일 것입니다."

기존에는 디젤엔진이라든가 가스터빈에 프로펠러가 바로 직결로 연결돼 프로펠러를 회전시켜 배가 움직였다. 반면 전기선박은 엔진 대신 배터리를 집어넣는다. 장거리를 운항한다면 배터리와 엔진을 결합해 발전기를 통해 전기를 만들어내고 모터가 프로펠러를 돌리는 방식으로 추진한다.

국내 최초이자 세계 세 번째로 구축해 운영 중인 '전기선박 육상시험소'를 찾아가 보자. 선박추진 시스템에 사용되는 추진 전동기, 발전기,

미래를 선도하는 K-과학

전력변환 장치 등을 구성해 배를 실제 건조하지 않고도 그 성능을 시험할 수 있는 곳이다. 육상에서 시험하기 위해서는 선박을 실제 모델링하는 디지털 트윈 기술도 반드시 수반돼야 한다.

배를 건조하는 비용만큼 예산이 투입돼야 하므로 많은 나라에서 갖추고 있지 못한 시스템이다. 육상시험소 시스템제어연구센터에서는 컴퓨터 시뮬레이션을 이용한 전기선박 추진체계의 설계와 성능 검증을 주로 진행하고 있다.

전기선박 시험데이터 수집 시스템 모니터

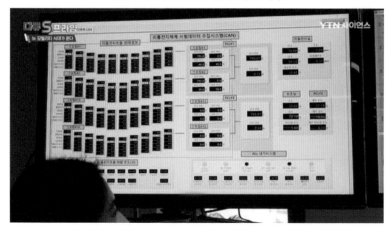

이현구 / 한국전기연구원 시스템제어연구센터장

"가장 우선 문제는 저희가 연구·개발로 전기추진선박을 개발한다고 하더라도 그걸 시험할 수 있는 인증기준이나 법규가 없기 때문에 실제 해상에서 실험하는 것에 어려움을 겪고 있습니다. 따라서 전기

거의 모든 것의 과학

선박에 관련된 표준 제정이나 관련 배를 운항하기 위한 법률 제정이 시급히 요구되고 있습니다.

현재 노르웨이와 네덜란드를 필두로 북유럽에서는 이미 수년 전부터 상용화가 돼서 민간 쪽에서 사용이 되고 있고요. 우리가 생각하는 것보다는 전기추진선박이 우리 생활에 밀접히 다가오고 있다고 보이고, 우리나라도 또 빠른 연구·개발 및 전기추진선박 건조가 필요합니다."

자율주행 선박을 향한 준비도 속도를 내고 있다. 자율운항 선박은 인공지능(AI), 사물인터넷(IoT), 빅데이터, 신서 등을 융합해 선원의 의사결정을 지능화·자율화된 시스템으로 대체할 수 있는 차세대 고부가가치 선박이다.

천종민 / 한국전기연구원 정밀제어연구센터

"마치 광안대교를 실제로 운항하는 것처럼 보이지만 가상환경에서 자율운항 기능을 수행하고 있는 선박을 테스트 중입니다. 저희가 개발하고 있는 시스템이 바로 이렇게 배가 자율적으로 운항할 수 있는 자율운항 시스템을 개발하고 있습니다.

실제 배에 저희가 개발한 자율운항 시스템을 도입하기 전에 이러한 가상환경에서 충분히 테스트한 후에, 배에 자율운항 기능을 넣어 실제 운항하게 되는 그러한 시스템을 개발하고 있습니다."

미래를 선도하는 K-과학

우리나라도 2020년부터 자율운항 선박 기술 개발사업을 진행하고 있다. 인적 과실로 인한 사고 감소, 연료비 절약과 정비시간 단축을 통해 선박 운영비도 크게 줄일 수 있어 경제성과 안전성 면에서 그 중요성은 더욱 커질 것으로 보인다.

최근 선박에서 내뿜는 황산화물과 질소산화물 등 대기오염물질에 대한 배출규제가 세계적으로 강화되고 있다. 그로 인해 친환경 연료 동력 선박 시장이 성장하며 전기선박은 해양 교통을 주도할 미래 모빌리티로 크게 주목받고 있다.

가상환경에서 자율운항 기능을 수행하는 선박

전기선박에 이어 하이퍼루프에 대한 기대도 크다. 하이퍼루프는 진공 상태에 가까운 터널 안에 자기 부상형 객차를 투입해 사람이나 물건을 실어 나르는 미래형 이동 수단이다. 차량이 튜브와 맞닿지 않고 공중에 떠서 이동하기 때문에 마찰력 영향을 거의 받지 않고 달릴 수 있다. 시속 1,200km~1,300km의 속도를 낼 수 있어 현재 가장 빠른

거의 모든 것의 과학

이동 수단인 비행기보다 빠르며 별도의 선로가 필요 없다는 것이 가장 큰 장점이다.

한국철도 기술연구원도 축소형 튜브 공력 시험장치를 독자 개발해 속도시험에 성공하는 등 초고속 열차 시대를 향한 발걸음을 시작했다. 이렇게 뉴 모빌리티 시대가 열리면 도시 간 이동이 자유로워지고 근거리 이동이 훨씬 간편해질 것이다.

한국철도기술연구원에서 연구·개발 중인 초고속 열차

황창전 / 한국항공우주연구원 개인항공기사업단장

"궁극적으로 산업화가 이루어지면 수많은 eVTOL(전기수직이착륙기) 이 서울 하늘을 줄 서서 다니든가 서로 교차해서 다니는 영화 〈스타 워즈〉나 〈제5원소〉에서 보는 그런 세상이 당연히 올 거라고 상상합 니다. 우리 인류가 꿈을 꾸고 현실화되지 않은 것은 없다고 생각합

미래를 선도하는 K-과학

니다.

꿈을 꾸면 현실화시키는 게 인류이기 때문에 반드시 그런 세상은 올 것으로 생각되고, 우리나라가 앞장서기를 기대하면서 열심히 OPPAV 원팀으로 기술 개발을 하고 있습니다."

코로나19로 인해 재택근무가 일상으로 받아들여지면서 도심항공 모빌리티 발전이 무엇보다 절실해졌고, 지금보다 발전된 세상을 사람들은 기다리고 있다. 비상 상황에도 신속하게 대처할 수 있는 모빌리티의 발달은 우리 삶의 질을 높여줄 거란 기대도 크다.

김현명 / 명지대학교 교통공학과 교수

"현재 한국판 뉴딜이 거의 마무리되는 단계입니다. 만약에 우리가 이 UAM을 가지고 실제 사회적으로 물리적 거리두기가 가능한데도 아무런 불편 없이 살 수 있는 도시들을 만들어낸다면, 세계 모든 나라들이 마치 K-방역, 마스크 모범국가로 인정한 것처럼 '저렇게 국토 공간을 쓰는 방법, 저렇게 교통수단을 쓰는 방법이 있었구나'라는 것을 배우게 될 것입니다."

분명한 한 가지는, 이 진보된 기술이 우리 인류를 한층 더 성장시킬 것이고 머지않아 상상만 했던 꿈을 현실로 만들어줄 거라 믿고 있다.

거의 모든 것의 과학

진보된 기술로 꿈을 현실로 만들어 줄 미래 모빌리티

미래를 선도하는 K-과학

2장

세계 자원전쟁
&
기술 혁신 K-소부장

자원 패권 시대,
토종 광물의 미래

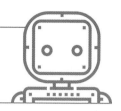

'반도체', '배터리', '희토류'. 이 세 가지 키워드는 최근 세계를 들었다 놨다 뒤흔들고 있는 요소이다. 단순히 첨단 산업에 사용되는 부품 소재를 넘어 국가 안보를 좌우할 정도로 세계 자원전쟁의 중심에 서 있는 주인공들.

2020년 4월, 미국의 바이든 대통령은 첨단 산업 분야 인프라 구축에 2,500조 원에 달하는 초대형 투자계획을 밝혔다. 이 중 약 55조 9천억 원은 반도체 생산시설 확충과 연구·개발 예산으로 배정된다. 이는 중국에 의존도가 큰 반도체, 배터리, 희토류에서 공급망 자립도를 높이고자 한 바이든 행정부의 강력한 의지가 담겨있다.

세계 희토류 생산의 90%를 차지하고 있는 희토류 강국 중국은, 최근 희토류를 가공하는 공장 운영을 일부 중단하며 생산량 감축에 들어갔다. 이는 희토류의 가격 상승으로 이어지며 세계 공급망에 치명적인 영향을 줄 것으로 예상하고 있다. 희귀광물을 손에 쥔 중국의 행동은 자원 민족주의로 해석할 수 있다. 시장원리를 기반으로 한 경제적 원칙 대신 자원에 대한 민족적 주권을 일방적으로 주장하는 행위이다.

조성준 / 한국지질자원연구원 자원탐사개발연구센터장

"일단 자국 내에 자원을 가지고 있는 것이 굉장히 중요합니다. 실제로 자원이라는 게 돈을 벌기 위한 것도 있지만 또 한 단계로 내려가면 안보의 차원이 있는 것이죠. 광물의 값어치가 높아지면 국가마다 자원 민족주의에 대한 영향이 커질 겁니다."

이렇듯 굴지의 자원보유국들은 세금과 로열티로 힘을 과시하고 있다. 반대로 말하면, 광물자원을 보유하고 또 이를 가공하는 기술력을 확보하는 것이 곧 국가의 힘이자 무기가 될 수 있는 것이다.

광물의 가치, 그 가능성은 과연 어느 정도이기에 세계 경제가 위기를 논하고 있을까? 그리고 우리는 이 땅의 토종 광물에서 이 시국을 헤쳐나갈 해법을 찾아낼 수 있을까? 땅속에 숨은 보물을 직접 확인해 봐야겠다.

🔥 국내 유일의 상업, 철광석 광산

강원도 정선군 해발 989m의 예미산 골짜기 사이로 한 광산이 모습을 드러낸다. 1916년 일제강점기 때부터 자리 잡은 유서 깊은 철광석 광산. 현재까지 채광이 이뤄지고 있는 광산의 진짜 모습은 땅 위에서가 아닌 땅속 아주 깊은 곳에서 확인할 수 있다고 한다.

철광석 광산과 갱도 입구

갱도는 전용 차량을 이용해 출입한다. 사람이 걸어 다니기에는 갱도의 규모가 상상 이상으로 크기 때문이다. 포장도로처럼 매끄럽게 갈 수 없지만 중장비가 여유 있게 오갈 정도로 규모가 상당한 갱도. 그만큼 인프라 시설 또한 저 깊은 곳까지 구축돼 있다. 칠흑 같은 어둠을 뚫고 향하는 곳은 바로 막장이다. 채광의 시작점이기도 하다.

이한교 / 철광석 생산업체 생산기획팀장

"암석을 뚫는 '천공 작업'을 하기 위해서는 전기가 들어가야 하고, 물 배관이 연결돼야 합니다. 이걸 시설 작업이라고 하는데 갱도 안 왼쪽으로 물 배관이 있고 전기케이블이 있는데요. 이런 시설을 설치하는 작업을 하는 분들도 계십니다."

거의 모든 것의 과학

굴진을 계속하려면 갱도의 끝인 막장에서의 천공 작업이 필수적이다. 암반에 화약이 들어갈 구멍을 뚫는 작업으로 가늘고 긴 초대형 드릴을 회전시키며 암반 깊숙이 구멍을 뚫는다.

그 깊이가 깊을수록 폭약의 효력이 더 크게 나타난다. 이곳에선 한 번에 20m~50m까지 천공할 수 있는 특수 착암기들을 사용한다고 한다. 이와 함께 열을 식히는 물 공급과 전기시설 등이 갖춰져야만 보다 안전하고 효과적인 채광이 가능하다.

천공 작업 후 곧바로 장약 단계로 이어진다. 착암기가 만들어 놓은 암반 구멍에 화약을 밀어 넣는 작업으로, 갱내용 발파 폭약의 경우 폭발 온도가 낮고 화염이 발생하지 않는 폭탄을 사용한다. 광업 현장에서는 이러한 과정이 익숙한 일인지도 모르지만, 갱도의 어둠조차 낯선 이들에겐 암반에 폭약을 수없이 꽂고 또 밀어 넣는 모습이 참 생소할 것이다.

안전이 우선인 산업 현장에서 사용하는 화약 또한 기능이 다양하게 개발되고 있어 안정성뿐만 아니라 내수성, 내한성 등이 높다고 한다.

천공 작업 후 갱내용 폭약이 꽂힌 모습

화약 설치가 끝나고 뇌관에 전기신호를 주면 폭발이 시작된다. 그런데 이곳 발파 현장은 과연 지상과 얼마나 떨어진 위치에 있을까?

철광석 생산업체 현장 직원

"발파 위치가 530m이죠? 530m(발파 위치) 빼기 55m는 475m니까, 여기가 지표에서 475m 아래입니다. 이런 발파 작업은 하루에 8~12번 정도 합니다. 하루에 8개의 막장에서 발파하는데 많으면 10개소 정도 합니다."

지하 475m에서의 발파, 이제 뇌관과 연결된 버튼을 누를 차례. 예미산 골짜기를 울리는 묵직한 폭발음. 발파 후 갱도로 들어가 보면 앞이 안 보일 정도로 분진으로 가득하다. 짙은 화약 냄새 사이로 조금 전과는 사뭇 다른 풍경이 드러난다. 아직도 발파의 여운이 남은 듯 계속해서 쏟아지는 암석들은 바로 철광석이다.

철을 함유한 광석, 흔히 우리가 쇠붙이로 생각하는 품목들의 소재가 바로 철광석이다. 경제적인 가치로 직결되는 대표 광물인 철광석은, 조선업·자동차·전기·전자 업계 등 각 산업의 기초 소재가 되기 때문에 그 가치는 곧 국가 경쟁력이라 할 수 있다. 아주 오래된 지층에 매장돼 있는 철광석은 우리나라, 러시아, 브라질, 중국, 호주 등에 편중돼 있다. 이들 국가의 매장량은 세계 매장량의 3분의 2를 차지한다.

광산에서 캐낸 철광석은 함철량에 따라 품위를 구분하는데, 함철량이 60% 이상의 것을 부광 40% 이하인 것을 빈광이라고 부른다. 품위가 낮은 빈광도 최근엔 '빈광 처리법'을 활용해 제철용으로 이용하고 있다. 하지만 한 해 평균 우리나라의 철광석 생산량은 국내 사용량의 1%에 불과한 실정이다. 해외 의존도가 높은 광물임에도 불구하고 우리가 철광석 생산을 이어가야 하는 이유는 분명하다.

자원 민족주의가 팽배해진 지금의 시대에서 우리의 광산 개발 기술과 광물 제련 기술의 확보만이 자원 위기와 변화될 미래에 대응할 수 있는 발판이 될 수 있기 때문이다.

수직갱도 엘리베이터

땅 위 넓은 광산 부지에서도 단연 눈에 띄는 것이 있다. 48m 주탑 높이의 수직갱도다. 지하 깊은 곳에서부터 지상으로 철광석을 한 번에 끌어올리는 장비, 쉽게 말해 지하 500m를 자유롭게 오가는 수송용 엘리베이터라고 할 수 있다.

오상운 / 철광석 생산업체 대표

"제2 수갱(수직갱도)은 약 5년에 걸쳐 510억 원을 투자해서 갱내 광석을 밖으로 한 번에 옮길 수 있는 시설입니다. 이렇게 광산을 약 30년 정도 시설을 활용할 수 있는 국내 유일의 수갱입니다. 지표에서부터 90°로 갱내 굴착해서 광석을 실어 나를 수 있는 시설물들을 갱내외에 만들어 활용하고 있습니다."

하루 8개 혹은 10개소 막장에서 생산되는 철광석의 양은 규모가 상당하다. 이 많은 광석을 지상으로 옮겨야 하는데, 트럭을 이용하면 시간과 운반비용이 많이 소요된다. 이러한 문제를 해결한 것이 바로 수갱 시설이다. 폭발로 인해 크기가 불규칙하게 깨진 광석들을 수갱으로 옮기기 위해선 더 작은 크기로 만들어야 한다.

파쇄 장비를 이용해 광석 크기를 200mm 이하로 조정하고 부순 광석들을 스킵이라는 용기에 담아 지상으로 올린다. 1회 19t의 철광석을 초속 12m의 속도로 옮기는 수갱. 2019년에 준공한 이 시설은 기존에 사용하던 수갱보다 운반 속도는 2배 높고 운반 용량은 4배 이상이라고 한다.

채광 시설의 꽃이라 불리는 수갱은 첨단 기술의 힘을 입어 점차 스마트해지고 있다. 자동화로 움직이는 수갱의 작업 단계는 실시간 모니터

거의 모든 것의 과학

링이 가능하며, 기업에선 앞으로 갱내에서 무인주행이 가능한 마인 트럭[*]의 도입 또한 준비하고 있다. 광업계의 문제점을 보완하기 위한 다양한 시도가 이뤄지고 있는 스마트 광산.

모두가 쇠퇴하고 있다고 말하는 우리는 국내 광산은 기술력으로 또 다른 가능성을 마련하고 있다. 이 또한 토종 광물의 가치를 이어가는 길이라고 현장은 말하고 있다.

오상운 / 철광석 생산업체 대표

"세계적인 자원확보 전쟁에서 국내 광업은 등한시되고 있습니다. 과거 해외 자원개발의 실패 사례가 있었기 때문에 현재는 정부에서도 주도적인 역할을 하지 못하고 있습니다. 우리가 제일 중요한 광석을 확보하기 위해서는 우선 여러 가지 문제점, 국내 광산의 현실과 문제점을 빨리 파악하고 개선해서 국내 광업을 활성화해야 합니다. 또한 조금 더 예산을 확보하고 적극적인 서비스로 국내 광업을 활성화했으면 하는 바람입니다."

🔥우리 토종 광물의 정보를 품은 시추암추

강원도 정선엔 국가광물정보센터가 자리 잡고 있다. 이곳에서 우리

---

[*] 갱내 개발광산에서 사용되는 운반용 트럭

는 토종 광물에 관해 과연 어떤 이야기를 들을 수 있을까? 흥미로운 사실은 시선을 사로잡은 것이 전시돼있는 70여 종 3천 점 이상의 국내외 산업용 광석들의 멋진 자태가 아니다. 이곳에서 소중히 관리하고 있는 돌 막대기처럼 생신 것이 우리가 주목하는 암석, 바로 '시추암추'이다.

윤용진 / 국가광물정보센터 소장

"광산 재개발 시 평균적으로 재탐사 비용이 100억~300억 정도 소요되고 있습니다. 따라서 국가에서 전국에 흩어져 있는 광산이나 공공 기관이 가지고 있는 시추암추들을 운반해 센터에서 지질정보를 추출·가공·분석하고 있습니다."

시추암추 수장고

마치 도서관의 책장들처럼 체계적으로 정리 배열된 시추암추 수장고. 이 수장고의 주인공인 시추암추는 지하자원을 탐사하거나 지층조사를 위해 땅속 깊이 구멍을 팔 때, 최대 800m 아래 지층에서 원기둥 형태로 뽑아낸 광석 샘플을 말한다.

쉽게 말해 시추암추는 지역의 지질구조와 암석분포 정보를 담고 있

거의 모든 것의 과학

는 사전 조사용 시료 샘플을 의미한다. 광물 탐사 단계에서 시추암추는 광물의 유무를 확인하는 매우 중요한 역할을 담당하고 있다.

신종기 / 국가광물정보센터 부장

"과거 홍천에 가면 희토류 광산이 있었는데 철광으로 개발됐었습니다. 그 뒤로도 희토류가 나온다는 걸 알게 됐습니다. 그러나 해당 시추암추가 있으면 성분을 확인 분석할 수 있으나 없으면 또다시 시추해야 합니다.

따라서 돈과 시간이 또 낭비되는 문제가 생기기 때문에 예전에 시추했던 시추암추가 있으면 좋습니다. 그래서 시추암추는 여러 가지 용도로 많 쓰이고 분석도 해야 합니다. 광물이 어떤 종류로 들어 있는지 지금 시대에는 모르는 성분들이 후대에 있을 수 있기 때문이죠."

이 수장고에서는 전국 각지에서 모인 시추암추들이 관리되고 있다. 이동식 전동랙을 설비해 보다 많은 암추들을 효율적으로 보관할 수 있다. 지금은 거의 사라졌지만 관리만 제대로 했다면 1967년 이후부터 생성된 시추암추의 길이는 무려 3,700km 이상이 될 거라고 한다.

당시엔 시추암추의 필요성과 관리의 중요성을 인식하지 못해 보관비용과 장소 부족의 문제로 많은 암추들이 버려졌다고 한다. 늦었지만 지금부터라도 미래를 위한 준비를 실행하고, 시행착오를 반복하지 않으려는 노력이 이곳에서 시작되고 있다.

2장 세계 자원전쟁&기술 혁신 K-소부장

"미국 USGS, 캐나다, 영국, 프랑스, 핀란드, 중국, 일본 등이 지질조
사 시설을 가지고 있습니다. 일본만 해도 '고이치코어센터'라는 시
설이 있습니다. 저희는 아직 초보 단계라 전문 인력을 우리 스스로
도 양성해야 하고, 예산도 확보해서 광물학적인 정보를 파악해 나중
에 산업원료 광물을 재개발 또는 재탐사할 때 유용한 정보를 제공하
는 데 역점을 두고 있습니다."

시추암추의 가치는 이들이 품고 있는 광물의 정보이다. 때문에 암추
가 생산된 지리적 정보와 광물 정보를 데이터베이스로 구축하는 작업
이 이뤄지고 있다. 일일이 암추의 성질을 테스트하고 스캔하는 작업은
단계별로 사람의 손길이 필요한 작업이다.

아직은 해야 할 일이 너무 많지만 이들이 지금 하는 작업은 마치 종
자은행과도 같다. 멸종을 방지하고 각 품종이 가진 유용한 유전자를 보
존하는 것이 종자은행의 역할이듯, 시추암추의 보존과 데이터베이스
구축은 앞으로 변화할 시대에 따라 어떤 광물이 필요할 것인지에 대한
답을 제공할 것이다.

세계가 원하는 광물의 트렌드는 끊임없이 변하고 있고, 기술의 발전
에 따라 산업에 사용되는 광물은 또다시 대체될 수 있기 때문이다. 우
리나라에 매장된 광물의 종류와 각각의 위치를 파악하고 있다는 건, 다
가올 미래에 대응할 수 있는 힘인 것이다.

시추암추를 데이터베이스화 하는 작업

최정봉 / 국가광물정보센터 연구원

"나중에 어느 광물이 필요하다고 하면 무조건 광산을 서류 뒤지듯 뒤져서 그 광산을 찾는 것보다는 이런 정보가 있음으로써 석회석이면 석회석, 철광석이면 철광석, 금광석이면 금광석 등 광산별로 컴퓨터로 확인하고 나면 주요 부위를 샘플로도 이곳에서 볼 수 있는 그런 환경을 갖추고 있습니다."

우리의 땅 아래에는 꽤 다양한 광물들이 매장돼 있다. 광물의 가치를 현재의 산업이 필요로 하는 원료로 순위를 매기기 때문에, 주요 광물 생산량이 적은 우리나라는 광물 수입국으로 분류돼 있지만 분명 경쟁력을 지닌 광물들은 존재한다. 그렇다면 시추암추로 본 가능성 있는 토종 광물은 어떤 것들이 있을까?

신종기 / 국가광물정보센터 부장

"향후에도 계속 공급할 수 있는 석회석은 무궁무진한 건 아니지만 그래도 상당히 괜찮다고 할 수 있습니다. 그리고 반도체를 만드는

2장 세계 자원전쟁&기술 혁신 K-소부장

규석은 고품위는 많이 없지만, 저품위를 탈취한다든지 해서 저품위
를 고품위화 시키는 규석 광산도 괜찮을 것 같습니다. 그리고 고령
토 광산, 납석, 불석, 벤토나이트 같은 비금속 종류들은 어느 정도 가
능성이 있습니다."

🔦 우리나라 생활 토종 광물 석회석

우리나라가 비금속 광물에 가능성이 있다면 우리는 그 대표 광물을
꼽을 수 있을 것이다. 바로 석회석. 충청북도 제천에 위치한 석회석 광
산을 찾아가 봤다. 국내의 석회석 산지는 강원도 남부지역과 충북 단양
그리고 이곳 제천 지역을 들 수 있다. 특히 시멘트 회사들이 밀집해 있
는 곳은 곧 석회석 산업의 중심 지역이라고 할 수 있다.

충청북도 제천에 위치한 석회석 광산

거의 모든 것의 과학

철광석 광산과는 또 다른 분위기인 이곳 석회석 광산은 갱내 채광이 이뤄지고 있다. 약 50년 전 광산이 문을 연 이후부터 끊임없이 채광이 이뤄진 만큼 반세기의 흔적이 녹아있다. 앞으로도 100년 이상 채굴이 가능하다고 하는 석회석. 우리의 토종 광물 석회석에 대해 우리는 얼마나 알고 있을까?

최수군 / 석회석생산업체 제천사업소 소장

"질 좋은 석회석이란 불순물의 혼입 정도에 따라서 구분됩니다. 일반적으로 품위가 낮은 석회석은 시멘트용으로 사용되고, 이는 국내 전체 사용량의 약 4분의 3을 차지하고 있습니다. 일반적으로 석회석은 우리 일상생활에서 널리 사용되고 있는데요.

고품위 석회석의 활용 분야는 철강, 제지, 유리, 내화물, 도자기, 고무·플라스틱, 잉크, 도료·비료, 동물의 사료, 토양개량제, 돼지열병·구제역, 조류독감용의 소독제, 식품 의약품, 토질안정제, 오·폐수정화제, 배연·탈황용제 등 우리 일상 대부분에 석회석이 활용된 제품을 사용하고 있다고 보시면 됩니다."

광물을 캐내기 위한 가장 중요한 단계는 발파 작업이다. 석회석 생산에 사용되는 채광법은 '노천 채광'과 '갱내 채광'으로 나눌 수 있다. 갱내 채광을 하는 이곳의 경우 석회석의 품위에 따라 갱도별 선별 채광이 가능하기 때문에 고품위의 석회석 생산이 가능하다.

발파 준비를 모두 마치고 발파 버튼이 눌리면 석회석들은 순식간에 부서져 내린다. 현장에선 곧바로 품질 확인에 들어간다. 전문가의 손길은 두들기기만 해도 석회석 품질을 알 수 있다. 순도가 높은 석회석을 생산하는 일은 갱도별 선별 채광으로 이뤄질 수밖에 없어서 소량 생산으로 이어진다. 생산량이 적어도 고품위의 석회석을 포기할 수는 없다. 해외에서 수입하는 질 좋은 석회석에 대해 경쟁력을 갖추기 위해 선택해야 하는 일이다.

최수군 / 석회석생산업체 제천사업소 소장

"우리나라처럼 작은 영토에서 국내 산업계에서 널리 활용이 가능한 광물은 석회석밖에 없습니다. 그동안의 노력으로 채광과 안전 기술의 개발, 선진화된 장비의 도입, 석회석 가공 기술 연구를 통한 고부가가치 제품의 개발을 이뤄낼 수 있었다고 생각합니다.
부족한 지하자원을 극복하고 다른 나라와 경쟁하기 위해서는 석회석 광산에 대한 인식의 전환, 각종 규제의 완화 그리고 부단한 연구·개발이 필요하다고 생각합니다."

광산과 연결된 석회석 가공공장의 대규모 시설설비 속에선 석회석의 부가가치를 높이는 가공이 이뤄진다. 열처리를 하거나 정제과정을 통해 광산의 석회석들을 상품화하는 공정이다.
석회석의 순도를 높이는 작업에는 대용량의 특수 소성기를 활용하는

데 소성 시간, 온도 등의 처리 과정이 자동화로 이뤄진다. 첨단 시설이 접목되며 순도에 따라 활용도가 다양한 석회석 응용산업은 보다 안정적인 품질의 소재를 제공받을 수 있다. 오랜 시간 움직여온 광산과 가공시설은 관습과 낡은 옷을 벗고 석회석의 새로운 미래를 준비하고 있다.

스마트 처리 공정이 가능한 석회석 가공공장

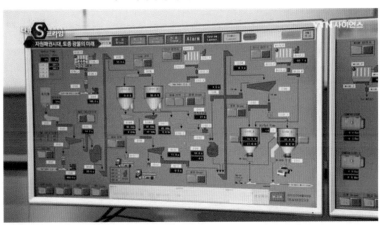

철을 생산하는 데 필수적인 소재이자, 종이를 만들거나 페인트를 제조할 때도, 살균을 위한 소독제, 각종 유리그릇·도자기나 우리가 매일 사용하는 치약의 소재로도 사용되는 석회석. 우리 생활을 구성하는 대부분의 물품 성분 중 빠지지 않는 석회석은 생활 광물이라고도 불릴 만큼 다양하게 활용되고 있다.

그 종류만 해도 무려 3천여 가지. 토종 광물 중 가장 경쟁력을 갖춘 석회석이지만, 여기에 그치지 않고 앞으로의 가치를 더욱더 높이기 위해 연구를 이어가는 곳이 있다. 바로 한국석회석신소재연구소다.

연구소 곳곳에서 볼 수 있는 핵심 소재 석회석은 가장 먼저 분쇄기로 향한다. 방법은 조금씩 다르지만 연구진의 일은 석회석의 순도를 높이는 것에 집중돼 있다. '석회석의 고순도화' 작업이 필요한 이유에 대해 이해한다면 흔한 광물 석회석의 새로운 경쟁력을 다시금 느낄 수 있을 것이다.

석회석을 소성로에 넣고 열처리를 하는데, 약 1,000℃의 고온에서 석회석을 굽는 것이다. 이 열분해 과정을 통해 암석 내부에서 이산화탄소가 빠져나간다. 탄산칼슘으로 구성된 석회석에서 이산화탄소가 제거되면 산화칼슘만 남게 되는데, 이를 '생석회'라고 부른다.

조진상 / 한국석회석신소재연구소 연구·개발부장

"생석회는 물과 섞었을 때 반응성이 굉장히 좋고 반응 온도도 최대 100℃까지 올라갈 수 있습니다. 구제역이나 아프리카돼지열병, 조류

인플루엔자 등이 발병했을 때, 소독용으로 많이 쓰이는 이유가 물과 반응했을 때 온도에 대해서 균이나 바이러스들이 살균됩니다. 특히 생석회가 제일 많이 사용되는 건 제철·제강용으로 많이 쓰입니다. 철광석 내에도 여러 가지 불순물이 있겠죠? 그 불순물을 제거하기 위해 용광로 속에 생석회를 같이 넣어서 철광석 내 불순물을 제거하고 순수한 철을 제조하는 공정용으로 생석회를 이용합니다."

광물의 순도는 매우 중요한 요소이다. 불순물이 많이 끼어있을수록 광물의 등급은 떨어진다. 그 이유는 불순물 때문에 반응 효율이 떨어지고 이는 상품의 가치와 연결되기 때문이다. 국내의 석회석은 고품위뿐만 아니라 중저품 석회석 또한 적지 않게 생산되고 있다.

생성 시기가 고생대로 추정되는 한반도의 석회석은 오랜 세월 지각 변동을 겪으며 그만큼 불순물이 섞이게 됐다. 그리고 중저품 석회석의 가치를 높이는 처리기술을 개발할 필요가 있는 것이다.

석회석의 주성분인 탄산칼슘을 합성하는 방법도 있다. 생석회를 물에 섞어 수화시킨 다음 이산화탄소를 주입하는 실험이다. 이는 합성 탄산칼슘을 생산하는 과정이다. 주입하는 이산화탄소의 농도에 따라 필요로 하는 소재용으로 제조할 수 있는 고순도 석회석 활용 기술이다.

조진상 / 한국석회석신소재연구소 연구·개발부장

"합성 탄산칼슘의 장점은 이 조건들, 탄산칼슘을 합성시키는 여러 가지 온도라든지, 고체와 액체의 비율이라든지 등을 조절해서 입자의 형태를 여러 형태로 바꿀 수 있습니다. 이 형태에 따라 좀 더 유리하게 작용해 응용할 수 있는 분야가 따로 있습니다. 형태를 자유롭게 조절할 수 있기 때문에 그런 이점으로 합성 탄산칼슘을 생산해 여러 가지 용도로 사용하고 있습니다."

국내에서 자급자족이 가능한 유일한 광물. 광범위한 활용 분야 때문인지 석회석은 부가가치가 낮은 광물로 인식하는 분들도 있을 것이다. 하지만 이렇게 생각해보면 어떨까? 모두가 우리에게 광물을 수출하지 않을 때 수요와 공급을 흔들리지 않을 광물은 무엇일까?

우리에게 풍족한 광물자원이 존재한다는 것을 인식하고 기술력으로 광물의 품위를 높여 사용한다면, 석회석이란 자원의 가치는 앞으로 한층 높아지지 않을까 하는 기대를 가져본다.

조진상 / 한국석회석신소재연구소 연구·개발부장
***

"해외에서도 자국에 있는 광물자원의 보호정책을 많이 펼치고 있어서 수입이 앞으로 더욱더 어려워질 것입니다. 그렇게 되면 우리나라 내부에서 자급자족할 수 있는 기술을 확보해야 합니다. 그 차원에서 봤을 때 중저품의 석회석을 정제해서 사용하는 기술을 빨리 상용화시킬 수 있도록 기술을 확보하는 게 미래를 위한 필수 기술이라고 보고 있습니다."

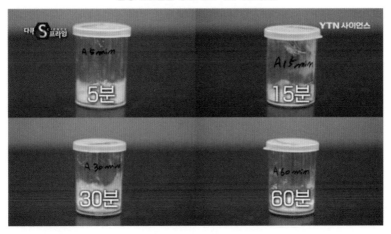

합성 탄산칼슘 생산하는 시간대별 실험

🔥 4차 산업혁명 핵심 산업 미래 자원 '바나듐(Vanadium)'

땅속 깊은 곳에 매장된 광물들은 사람의 눈으론 찾을 수 없다. 광물 탐사를 위해서는 각종 첨단 기술이 활용되고 있다. 인공위성과 소형항 공기를 활용한 '광역탐사'부터 지형 범위를 좁힌 '정밀탐사'까지만 해 도 단계가 매우 치밀하다.

특히 '드론 탐사'의 경우 해당 지역을 대상으로 자력계, 중력계 그리 고 레이다 장비를 이용해 조사한다. 마치 X-RAY 촬영으로 사람의 몸 속을 들여다보듯 땅속 광채를 찾아내는 작업. 작업을 하는 이들이 있 다. 바로 한국지질자원연구원의 자원탐사개발연구센터 원구원들이다.

조성준 / 한국지질자원연구원 자원탐사개발연구센터장

"국내외 부존하는 광물자원, 예를 들면 석탄, 우라늄, 구리, 니켈 등 이런 것들이 어디에 있는지를 찾고 개발하는 연구를 하고 있습니다. 사람들이 보통 생각할 때 당연히 쉽게 찾아지는 게 아닌가 싶지만, 실제로는 굉장히 찾기 어려운 광물들입니다. 어디에나 있는 게 아이고 특정한 지질학적인 상황이나 특정한 구조에서만 만들어지기 때문에 그런 걸 찾아야 합니다."

연구진은 직접 수집한 지질탐사 및 광채 탐사 정보들을 디지털 트윈 기술을 접목해 3차원 공간으로 구현한다. 이렇게 수집한 데이터를 활용해 실제와 같은 지질구조(디지털 트윈 광산)를 만들고, 시추 시 현실에서 발생할 수 있는 상황을 시뮬레이션함으로써 결과를 예측할 수 있다. 이는 시간과 비용을 절감하고 시행착오를 줄이는 효과로 이어진다.

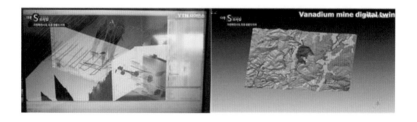

조성준 / 한국지질자원연구원 자원탐사개발연구센터장

"과거 이러한 기술들이 없었을 때는 개인이 판별·판단해서 '여기에 시추하면 좋겠다'라는 식으로 했었습니다. 그러나 지금은 저희가 3차원 공간상에 우리 결과들을 다 만들어 놓고 어디에 광채가 있을 확률

거의 모든 것의 과학

이 높다고 보면 시추공을 시뮬레이션해서 설계하는 것이죠. 그랬을 때 과연 우리가 여기에 시추공을 설계해서 뚫으면 광채를 만날 수 있을 것인지, 이런 것까지 전부 저희가 3차원 공간상에서 미리 시뮬레이션하는 겁니다. 그래서 광채 발견 확률을 굉장히 높이는 거죠."

현장 탐사에서 채취한 시료와 시추암추들은 품질 확인이 필요하다. 물리적 성질과 화학적 성질을 분석해 예측한 광물의 정체를 확인하는 것이다. 그렇다면 최근 탐사팀이 주목하고 있는 광물은 과연 무엇일까? 시추 시 뽑아낸 암추들, 이 광석들 속에 배터리의 원료가 속해 있다고 한다. 바로 미래 자원 '바나듐'이다.

신승욱 / 한국지질자원연구원 자원탐사개발연구센터 선임연구원

"실제로 바나듐을 함유한 티탄철광석 같은 경우에는 일반적인 암석보다 높은 밀도를 가지고 있습니다. 그래서 이러한 것들을 이용해 측정했을 때 밀도차가 발생하는 것부터 광석이 어느 정도 들어있는지를 알 수 있습니다."

원자번호 23번의 바나듐(Vanadium)은 단단하나 유연한 성질을 지녔고, 지각에 약 0.02%의 비율로 존재하는 희귀광물이다. 바나듐이란 이름이 낯선 이도 있을 것이다. 이 광물은 철의 강도를 높이는 합금 소재로 주로 활용되고 있다.

강철을 만드는 이 희귀광물이 최근 주목받기 시작한 이유는, 스마트 그리드 및 신·재생에너지 분야에 사용되는 대용량 에너지 저장 장치 ESS의 주요 소재로 사용될 수 있기 때문이다. 리튬이온 전지의 문제점을 보완하는 바나듐 레독스 흐름 전지. 4차 산업혁명 시대의 핵심 산업 광물이 우리 땅에서 경쟁력을 가질 수 있다는 것이다.

정경우 / 한국지질자원연구원 자원회수연구센터 선임연구원

"현재 바나듐 전 세계 생산량의 80% 이상이 VTM광석(바나듐 함유 철광석)에서 회수되고 있다고 생각하시면 됩니다. 그것이 국내에서 발견돼서 지금 바나듐 연구를 많이 하고 있습니다. 2019년도에 나온 자료를 보면 중국이 바나듐을 굉장히 많이 생산하는 나라인데, 중국의 것을 보면 광석에 바나듐이 V_2O_5(바나듐 옥사이드) 기준으로 0.2~0.3%라고 알려져 있습니다.

그런데 우리나라에서 현재 저희가 연구하는 것은 0.4~0.6% 정도로 중국의 것보다 50%~2배 이상 품위가 높은 거죠. 품위만 봤을 때도 국내 바나듐이 굉장히 경쟁력이 있다고 볼 수 있습니다."

거의 모든 것의 과학

바나듐은 철광석의 종류인 티탄철석과 자철광에 소량 함유돼 있다. 그 때문에 바나듐을 분리하기 위한 몇 가지 공정이 요구된다. 제일 먼저 하는 과정은 '분쇄' 작업이다. 크기가 크고 품위가 높은 바나듐은 분리하기 쉽지만 대부분 미립자로 섞여 있어 함유 광물을 전체적으로 작게 분쇄해야 한다.

다음은 '자력 선별' 단계로 자력을 이용해 자철석과 바나듐을 분리하는 선정 과정이다. 선광 단계가 전체 과정 중 초반 단계에 해당한다고 하니, 광석 덩어리 속에서 바나듐을 추출하는 일은 생각보다 쉽지 않은 것 같다. 자력 선별을 마친 바나듐은 처음 분쇄했던 광석량에 비해 양이 많이 줄어든 것으로 보인다.

자력 선별을 마친 바나듐의 모습

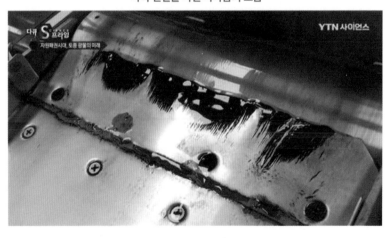

　　　　　　　　　　　　　2장 세계 자원전쟁&기술 혁신 K-소부장

"광석을 1차 파쇄와 2차 파쇄를 통해 단체 분리하게 됩니다. 단체 분리를 통해 바나듐이 단독적인 입자가 나오게 한 다음에 자력 선별을 하게 됩니다. 자력 선별 같은 경우 이 바나듐은 마그네타이트 즉, 자철석 안에 치환돼 있으므로 이 자철석을 분리하기 위해서 자력 선별을 이용해 바나듐을 회수하는 그러한 과정을 거치고 있습니다."

선광작업으로 얻은 바나듐을 '바나듐 정광'이라 부른다. 정광 속에서도 바나듐을 뽑아내야 하는데, 열처리를 통해 회전하는 소성기에 바나듐 정광을 나트륨염과 함께 넣고 고온에서 반응시키는 단계다.

이렇게 고온에서 바나듐 정광을 구워내는 이유는 바나듐이 물에 잘 녹는 성질을 갖도록 만들기 위해서다. 이 '염배소' 단계는 고체 상태에서 반응을 높이는 바나듐 생산 공정의 핵심 단계라고 할 수 있다.

"바나듐 정광을 받아서 정광을 온도에 따라 로스팅해 나중에 있을 수침출에 좀 더 용이한 형태로 바꿔주는 과정입니다. 바나듐 정광이 지나가면서 회전하게 됩니다. 회전하면서 온도가 낮았다가 중간쯤 900℃가 되는데 그때 반응이 일어나게 됩니다."

현재와 미래 산업 현장에서 사용 가능한 바나듐을 얻기 위한 과정. 열을 가하고 물에 녹여 침전시키고, 화학적 처리를 하는 수많은 단계에서 희귀광물을 직접 생산하는 일이 만만치 않은 일임을 확인할 수 있다. 선광 기술, 제련 기술 등 기술력이 동반되지 않는다면 매장량을 확보하더라도 희귀광물을 채취하는 건 결코 쉽지 않은 일일 것이다.

다음 사진(140p)처럼 붉은빛을 띠는 가루 형태의 광물이 모든 공정을 마친 바나듐 옥사이드(V_2O_5)이다. 실제 산업계에서 바나듐은 이러한 형태로 판매된다고 한다. 이것이 철강 산업과 자동차산업에서 빼놓을 수 없는 합금 소재이자, ESS라는 대용량 에너지 저장 장치의 주요 재료인 것이다. 바나듐이 세계 자원 경쟁에서 패권을 주도할 수 있는 광물자원으로 주목받고 있는 이유이기도 하다.

"최근에 국내 바나듐을 함유한 VTM광석이 있다는 걸 확인하면서 저희가 연구하고 있지 않습니까? 다시 10위권 안에 주요 바나듐 생산국으로 대한민국이 자리를 차지할 수 있도록 지질자원연구원에서는 열심히 연구하고 있다는 말씀을 드립니다."

조성준 / 한국지질자원연구원 자원탐사개발연구센터장

"국내에 지금 광산에 있는 양은 저희가 보기로는 한 6만t, 7만t 정도 있을 거로 생각하고 있습니다. 이제 국내에 이 정도 있는 걸 확인한 양이고, 나머지를 저희가 더 많이 확보하려고 찾고 있는 거죠."

광물의 가치는 시대에 따라 변하고 있다. 기간산업을 움직이는 광물들이 그동안 역사 속에서 조명을 받아왔다면 새로운 시대, 새로운 산업을 위한 광물 또한 등장하게 될 것이다. 이를 위해선 우리가 가진 자원이 무엇이고, 그 광물자원의 가치를 높이기 위한 방법을 또 무엇일지 우리는 고민해야 한다.

거의 모든 것의 과학

자원이 곧 국가의 힘이 되는 시대. 수입 의존도를 낮추고 경제 안보를 위해 토종 광물의 가능성에 모두가 관심을 갖는다면, 이 땅에 매장된 자원이 또 다른 경쟁력을 지닐 수 있기 때문이다.

3년의 변혁,
K-소부장의 도약

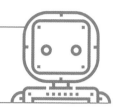

2018년 7월, 당시 미국 트럼프 행정부는 연간 40조 원 규모의 중국 수입품 810여 종에 25%라는 전세 부과를 실행했다. 이후 양국에서는 중국 '화웨이'사에 대한 수출 규제 조치와 미국에 대한 희토류 수출 금지 카드가 오갔고, 미국과 중국의 보복 관세 전쟁이 절정에 다다를 무렵 우리나라에선 그 사건이 터졌다.

2019년 7월 일본 정부가 국내 반도체, 디스플레이의 핵심 소재인 3개 품목의 수출을 규제한 것이다. 당시 일본이 우리나라에 수출을 규제한 품목은 수입 의존도가 90%가 넘는 소재들이었다. 첨단 산업의 근간인 반도체와 디스플레이의 생산이 중단될 수 있었던 위기의 순간이었다. 그때의 사건은 우리에게 많은 숙제를 던져주었다. 그만큼 자국 보호주의가 팽배해지고 있는 국제 정세와 그 변화에 맞춰 우리나라 또한 산업 생태계의 전환이 시급했다.

정부와 기업 그리고 국민의 관심이 모여 위기 극복을 위한 수많은 노력이 이어졌고, 어느덧 3년이란 시간이 흘렀다. 길면 길고 짧다면 짧은 기간, 그 속에서 대한민국은 어떤 변화를 겪었을까? 그리고 당시 위기의 원인 요소들은 과연 얼마만큼 사라졌을까? 세계정세를 반영한 글로벌 밸류 체인(value chain, 가치사슬) 재편과 국산 기술력 확보를 위한 변혁. 그 변화의 바람 속에서 우리가 주목해야 하는 건 바로 대한민국 소부장(소재·부품·장비)의 움직임이다.

🔦반도체 강국 대한민국

4차 산업혁명의 중심에 서 있는 우리는 첨단 기술의 집약체로 둘러싸인 스마트한 생활을 누리고 있다. 업무에 필수적인 컴퓨터와 항상 손에 쥐고 있는 스마트폰, 인공지능이 탑재된 스마트 TV와 자율주행 모드가 가능한 스마트 자동차까지.

첨단 기기들의 중심에는 '반도체(Semiconductor)'라는 핵심 부품이 존재한다. 데이터의 전환, 저장, 제어, 연산 기능을 하는 부품으로 크기는 작지만 지금의 시대를 이끄는 커다란 힘을 지니고 있다. 우리나라는 세계 D램 시장에서 약 74%를 점유하고 있는 반도체 강국이다.

하나의 반도체를 만들어내기 위해서는 소재와 부품, 장비의 생산 과정 또한 이뤄져야 하는데, 첨단 분야의 초미세 집적 공정에는 관련 인프라 또한 고도의 특수 기술이 요구된다. 모든 소부장이 준비된 후 가장 마지막 단계에 반도체 회로 집정 공정이 가능한 생산구조. 결국 소부장의 역할 없이는 최종 공정이 불가능한 것이다.

박재근 / 한국반도체디스플레이기술학회장

"반도체와 디스플레이 부품을 만들기 위해서는 여기에 필요한 소재·부품·장비가 필요합니다. 이 소부장에 또 하나의 그룹이 있습니다. 그래서 각 그룹 간에 서로 비즈니스 사슬을 가지고 있습니다. 전자업계, 반도체·디스플레이 부품 업체, 반도체·디스플레이 소부장 업체가 각각의 영역을 가지고 서로에게 제품을 공급해 줘서 이러한 비즈니스를 만들게 됩니다. 이 세 영역을 합쳐서 IT 밸류 체인 혹은 IT 서플라이 체인˙이라는 구조를 가지고 있습니다."

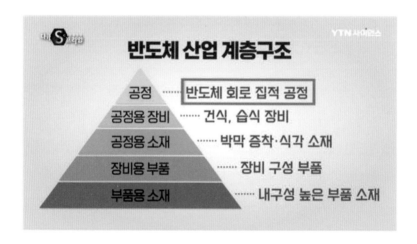

---

*   supply chain 연쇄적인 생산 및 공급 과정

거의 모든 것의 과학

반도체 생산은 모두 국내에서만 이뤄지는 것이 아니다. 세부적으로 분화된 단계별 공정은 각 국가의 기업들과 분업화로 생산이 이뤄지고 있다. 2019년 조사 결과에 따르면, 우리나라는 메모리 반도체 생산국으로써 주로 미국과 중국, 홍콩에 완제품을 수출한다. 이에 필요한 소재와 부품 그리고 반도체 제조용 장비를 대부분 일본에서 수입하는 구조다.

여러 국가에 걸쳐 기업의 제품과 서비스가 생산되는 글로벌 밸류 체인. 국가별 분업을 통한 원가절감과 생산 효율을 높이고자 이루어진 글로벌 네트워크를 봤을 때, 우리나라는 반도체 생산 전반에 걸쳐 일본에 수입 의존도가 높았던 것이다.

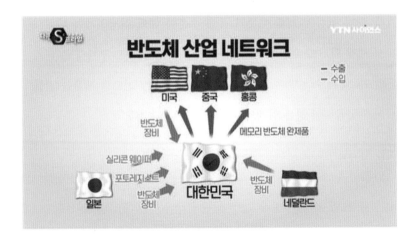

지난 30년간 이어온 우리 산업 구조의 맹점이 자국 보호주의와 보복성 수출 규제가 오가는 국제적인 정세 앞에서 고스란히 드러났다. 그리

고 이를 다른 측면에서 해석한다면 반도체 산업이 요구하는 소부장의 국가 간 기술격차가 상당히 크다는 것을 의미한다.

박재근 / 한국반도체디스플레이기술학회장

"국내에서 공급하는 소재·부품·장비의 수준이, 해외 대기업과 같은 기술 수준이 굉장히 높은 대기업에서 만든 제품과 비교해서 기술과 제품의 수준이 떨어집니다. 그래서 그 제품을 반도체 기업에서 사용할 수 없는 것입니다. 세계 최고의 제품 수준을 확보하기 위해서는 반도체 산업에 필요한 소재·부품·장비도 세계 최고 수준만 쓸 수 있습니다.

일본 수출 규제 이후에 국산화율을 올리기 위해서는 국내 소재·부품·장비 회사의 기술 수준과 품질 수준이 해외 경쟁업체와 비교해서 세계 최고의 수준이 될 수 있도록 계속해서 R&D 투자하고, 대기업으로부터 지원받아 기술 수준을 올리고 세계 최고의 제품을 만들어서 공급해야 하는 업계의 특성이 있는 것입니다."

일본의 수출 규제 직후 당시 우리 정부는 즉각 대응에 나섰다. 2019년 7월 22일 정부는 민관 '소부장 수급대응 지원센터'를 신설하고 11일 만인 8월 2일에는 소재·부품·장비 추경예산 2천7백32억 원을 확보했다. 그리고 8월 5일 소부장 경쟁력 강화 대책인 '소부장 1.0'을 발표했다.

일본 정부의 3개 품목 수출 규제를 즉각 철회할 것을 촉구하는 동시에, 수출 규제로 인한 우리 기업의 피해를 막기 위한 대체 수입처 확보 등 소부장 공급망 안정화에 총력을 기울였다. 단기간에 이루어진 긴급 대책. 하지만 결과적으로 일본의 수출 규제로 인한 우리의 반도체 생산 차질은 발생하지 않았다.

이경호 / 산업통상자원부 소재부품장비협력관

"2019년 7월, 일본 수출 규제 직후 민관 협동으로 수급대응 지원센터를 즉시 가동하여 기업의 애로를 원스톱으로 해결할 수 있도록 하였습니다. 또한 범부처 소재·부품·장비 경쟁력 강화 대책을 발표하여 10대 핵심 부품의 공급망을 초기에 안정화하고 소부장 산업 생태계에 근본적인 경쟁력 강황에 총력을 다하고자 하였습니다.

일본의 수출 규제로 인한 단 한 건의 공급 차질도 발생하지 않았으며 공장 신증설, 수입 다변화, 해외 투자유치 등을 통해 단 2년 만에 대외 수출 규제 3대 품목을 비롯한 핵심 품목의 공급 안정성을 획기적으로 진전시켰습니다."

정양호 / 한국산업기술평가관리원장

"2019년 여름에는 상당히 걱정을 많이 했습니다. 처음으로 당한 일이니까 어떻게 하면 될지, 재고가 많이 있어 봐야 1개월 밖에 가지 못하지 않을지 등 기업들이 전방위적으로 뛰어서 수입처 다변화에 대한 노력을 많이 했습니다. 다행히도 지금까지 이 사건으로 생산 차질이 있었던 경우는 한 건도 없습니다. 그만큼 저희는 전체적으로 긴박하게 움직였다고 생각합니다."

30년 이상 이어온 해외 네트워크를 한순간에 바꾼다는 건 쉽지 않은 일이다. 또한 국내 소부장 기업들의 경쟁력을 단숨에 높이는 일은 말처럼 간단한 일이 아니다. 대안은 숨은 실력자들을 찾아내는 것이었다.

🔬국내 반도체 산업의 숨은 실력자들

울산에 위치한 불산제조기업 공장을 찾아가 보자. 공장 한쪽에서 분주한 움직임이 포착된다. 가루 형태의 재료가 한가득 쌓여있는데 이것의 정체는 바로 '형석 분말'이다. 형석(Fluorite)은 공업용 기초재료로 사용되고 가열 시 인광을 방출하는 할로겐 광물로 보석으로 가공하기도 한다. 우리가 주목할 만한 형석의 기능은 바로 불화수소의 원료가 된다는 것이다. 일본이 우리나라에 수출을 규제했던 3대 품목 중 하나인 '불화수소'. 우리의 기술력으로 불화수소 생산이 가능하다는 것을 눈으로 확인할 수 있는 특별한 현장이다.

허 국 / 불산제조기업 대표

"불화수소는 반도체 8대 공정 중 하나인 식각 공정에 쓰이는 화학물질로써 일반적으로 '불산'이라고 알려져 있습니다. 이 불산은 여러 화합물과 섞여서 반도체 스페셜 가스 혹은 이차전지의 주요 물질인 전해질로 사용되기도 합니다. 우리 회사는 40년 전부터 형석을 기초로 한 순수 불산을 제조하는 유일한 국내 회사입니다. 또한 현재 우리나라에서 불산을 직접 원재료부터 생산할 수 있는 기술을 갖고 있는 유일한 회사이기도 합니다."

불화수소 핵심 원료로 사용되는 형석 분말

형석 가루가 반도체 공정에 사용되는 핵심 소재가 되기까지 과연 어떤 과정을 거치는 걸까? 천천히 회전하는 거대한 원통 안에 형석 분말이 들어있다. 여기에 어떤 물질을 혼합하는데 재료는 바로 '황산'이다.

---

*   Sulfuric acid H_2SO_4, 이황 가스를 산화해 만든 강산성 액체 화합물로 다양한 산업에 활용되는 불화수소의 원료

형석과 황산을 반응시키는 과정에 불산이 형성된다.

'불산'은 불화수소의 수용액으로 무색의 자극적인 냄새가 나는 휘발성 액체다. 반응성이 높아 광물을 제련하거나 촉매제, 탈수제, 화학물질 제조에도 사용하는 공업용 소재다. 하지만 이 불산을 정제하면 고순도의 불화수소가 되는데, 이때 반도체 산업에 소재로써 사용할 수 있게 되는 것이다.

허 국 / 불산제조기업 대표

"이전에 불산이라는 것은 공업용으로 위험한 화학물질로 인식됐습니다. 하지만 최첨단 반도체 공정용 소재로 등장함으로써 국민의 관심과 함께 그 위상이 새로 세워졌다고 볼 수 있습니다."

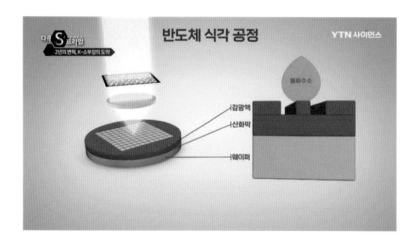

* Hydrofluoric acid, 불화수소를 물에 녹인 휘발성 액체로 플루오린화수소산으로 불리기도 함

거의 모든 것의 과학

반도체 제조 공정에서 고순도 불화수소의 역할을 식각 공정에서 발휘된다. 포토공정을 통해 반도체 회로를 감광액(photoresist, 感光液)으로 현상한 다음에 회로 패턴을 제외한 나머지 부분인 산화막을 제거해야 하는데, 실리콘 화합물과 반응하는 불화수소가 이를 깎아내는 기능을 하는 것이다.

관건은 불화수소의 순도다. 반도체 공정에서 소재의 순도는 불량률에 영향을 끼친다. 그 때문에 그동안 일본으로부터 공급받아온 고순도의 불화수소를 대체하고 공급망의 안정적인 확보를 위해선, 우선적으로 국내 불산 생산기업들의 소재 자급력과 기술력이 필요한 것이다. 3년 전 시작된 정부의 소부장 경쟁력 강화 전략. 그것은 공업용 불산을 생산하던 이 기업에 많은 변화를 불러왔다고 한다.

허 국 / 불산제조기업 대표

"공업용 불산을 생산하는 저희 같은 제조업체에 정부의 K-소재 정책은 우리에게 사업 방향을 제시해 주는 아주 훌륭한 기준선이 되었습니다. 이에 따라 기존의 공업용 불산에서 반도체 소재 불산으로 사업 방향을 돌리고 개발과 모든 자원을 투자함으로써 회사의 부가가치도 올라가고 제품 기술력도 향상됐습니다.

단순한 공업용·산업용 불산이 아닌 최첨단 산업인 반도체에 기여하는 소재산업, 이 산업을 주도하는 회사라는 것이 큰 자부심으로 왔습니다. 그 자부심이 기술 개발의 원동력으로 작용한 아주 중요한

2장 세계 자원전쟁&기술 혁신 K-소부장

시발점이 되었다고 판단합니다."

기업이 한 걸음 더 앞으로 나아가기 위해서는 어떤 계기와 한계를 극복할 수 있는 환경의 변화가 필요하다. 불산 기술을 확보하고 있는 이 기업의 경우, 공업용 소재에서 전자 소재로 사업 목표를 전환할 수 있었던 건 정부의 적극적인 지원이 있었기 때문이다.

고순도 불산 정제 기술 확보를 위한 R&D 지원, 수요기업과 소부장 정책 연계 등 현실적으로 반도체 소재산업에서 경쟁력을 지닐 수 있는 방법을 제시하는 것이다. 하지만 고순도의 불산을 생산하기 위해서는 새로운 기술력과 관련 인프라 설비 그리고 예산이 필요하다.

선택과 집중이 필요한 순간 공업 분야에서 반도체와 이차전지와 같은 첨단 산업으로 목표를 변경한 기업. 그리고 국내 유일의 불화수소 제조 공장을 보유하고 있는 그 힘을 발판 삼아 첨단 소재 시장으로 도약할 기술을 연구·개발하는 이들. 이는 수요기업과 국가의 관심이 국내 소부장 기업들의 잠재력을 최고로 끌어올리기 위한 전략과 맞닿으며 순풍에 돛을 달았다.

"저희가 목표로 했던 산업과 반도체 산업은 다른 분야였습니다. 저희가 만드는 건 공업용이고 이건 전자용인데, 저희는 공업용으로 집중하다가 전자급으로 전환한 거죠. 소부장에게 정부가 사업의 방향을 제시해 주고 사업 기술에 관한 비전을 제시해 줬습니다.

지금 반도체 수출 규제로 문제가 생긴 것들은 일본만 가지고 있었던 고농축·고정제 기술이었는데, 우리가 불소를 가지고 있는 회사로써 이를 따라잡기 위해서 연구·개발하고 상품화하게 된 것이 현재 상황이라고 볼 수 있습니다."

일본의 수출 규제 이후 1년간의 행보, 정부와 수요기업들은 반도체·디스플레이 분야 100대 품목의 공급 안정과 핵심 소재 국산화에 주력했고 이에 따른 분명한 성과가 있었다. 핵심 3대 품목의 경우 불화수소는 액체형 생산에 돌입했고 가스형은 파이브 나인급(순도 99.999%) 생산에 성공했다. 극자외선용 포토레지스트(photoresist)는 미국 기업과의 국내 생산시설 유치가 확정됐으며 불화 폴리이미드는 이미 생산을 시작해 일부 수출하기도 했다.

2020년 7월 9일, 정부는 '소부장 2.0' 전략을 발표했다. 공급망 정책 대상을 대일 100대 품목에서 글로벌 차원의 338개 품목으로 확장하고, 2022년까지 차세대 전략기술에 7조 원 이상을 투자하는 글로벌 밸류 체인 재편 대응형 중장기 전략이다. 그 선두에 서 있는 건 핵심 전략

기술에 특화한 으뜸기업, 강소기업 그리고 스타트업을 포함한 140여
개의 소부장 기업들이다.

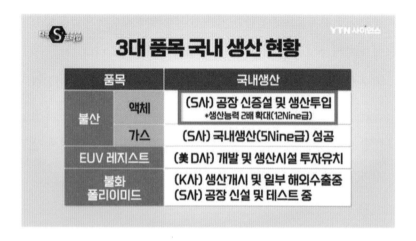

다음은 OLED* 증착 장비 기업의 작업 현장을 찾아가 보자. 기계음이
가득한 공간, 정체 모를 크고 작은 기기들 사이로 방진복을 입은 사람
들이 보인다. 디스플레이 산업의 첨단 기술력이 집약된 OLED.

국내 수요기업들이 스마트폰 OLED 시장과 대형 OLED 패널 시장
에서 각각 업계 1위를 차지하고 있는 지금, 우리 장비 기업의 기술력
또한 재조명받고 있다. 이곳의 경쟁력은 바로 커다란 체임버 안에 있
다.

---

*   Organic Light Emitting Diodes 유기발광다이오드, 형광성 유기화합물에 전류가 흐르면 빛이
    나는 현상을 이용한 차세대 디스플레이

"일반적으로 OLED는 스스로 발광하는 화소가 빨강·파랑·녹색으로 구비되는 공정입니다. 실제로 그 화소를 제작하기 위해서는 진공 상태에서 마스크와 기판 간의 정렬이 잘 이뤄져야 하므로 그 부분에 있어서는 정렬 기술이 필수라고 할 수 있습니다. 점점 크기가 커지며 대형으로 갈수록 정렬 기술은 더욱 난도가 높아집니다. 따라서 국산 기술이 시급하게 필요하다고 느꼈고, 국내에서 선도하면서 초스피드로 개발하는 것이 중요할 것으로 생각해 개발이 이뤄지게 됐습니다."

OLED 증착을 위한 체임버와 증착 공정

진공의 환경을 만드는 체임버에선 기판 위에 OLED 증착* 공정이 이루어진다. 유기 박막에 전기를 주었을 때 정공과 전자의 결합에 의해 발광하는 소자. OLED는 이 체임버 내에서 겹겹이 소재를 쌓아 올린 구조로 만들어지는데, 이러한 증착 공정은 고진공 상태에서 수분에 취

---

* OLED 기판에 유기 박막을 입히는 과정으로 유기 박막의 종류에 따라 R, G, B가 결정됨

약한 유기 박막을 다뤄야 하는 초정밀 공정이기 때문에 증착 장비의 성능이 OLED 생산 수율을 좌우한다.

특히 박막 형성과 함께 OLED의 마이크로 단위 패턴을 형성하기 위해서는 마스크와 기판을 정렬하는 정렬기 즉, 얼라이너[*]의 역할이 중요하다. 30년간 쌓은 노하우를 통해 OLED 디스플레이의 핵심인 픽셀 증착 기술을 보유하고 있는 기업. 이들은 6세대 하프 컷(Half-Cut) 클러스터 타입(Cluster Type) 증착 장비를 개발하며 기술력을 인정받았다.

이영종 / OLED 증착기 제조기업 대표이사

"6세대 증착 장비는 아무래도 기판 크기가 전 세대보다 크기 때문에, 기판은 기본적으로 중력이 작용하면 처짐 현상이 발생하게 됩니다. 크면 클수록 처짐 양이 많아지고 기판뿐만 아니라 사용되는 마스크도 역시 중력에 의해서 처짐 현상이 발생하게 되죠.

두 번째는 마스크와 기판과의 정렬 문제입니다. 고정밀도가 필요한 작업이기도 하고 초스피드로 정렬되어야 하므로 이전 세대의 소규모 정렬기와는 차원이 다른 개발이 되었습니다."

---

[*] Aligner, OLED 기판을 정렬해 정밀 패턴이 형성될 수 있도록 하는 고해상도 정렬기

거의 모든 것의 과학

6세대 OLED 증착 장비

6세대 OLED 증착 장비란, 이전 세대와 비교해 크기가 월등히 큰 대형 패널용 장비를 말한다. 패널 크기의 차이는 곧 장비의 규모와 연결되는데, 현재까지 6세대 증착 장비를 만들 수 있는 선두 국가는 우리나라와 일본뿐이다. 다만, 글로벌 시장에서 먼저 양산기를 선점한 일본이 시장의 약 90%를 점유하고 있는 것이 현실이다.

LCD에서 OLED로 빠르게 전환하고 있는 세계 디스플레이 시장. 증착 장비의 시장 점유율을 바꿀 수 있는 건 8세대 증착 장비의 선점이다. 그만큼 차세대 증착 장비의 연구·개발이 필수적인 기업의 위기 상황에서 때마침 정부의 소부장 경쟁력 강화 계획이 들려온 것이다. 독자적인 기술력을 지니고 있었기에 이 기업은 도약의 기회를 잡을 수 있었다.

2장 세계 자원전쟁&기술 혁신 K-소부장

"독자 개발을 한다면 중소·중견기업이 감당하기는 굉장히 어렵습니다. 그러나 소부장 제도를 통해서 금전적 지원을 많이 받게 되어 현재로서는 첨단 기술 개발에 활용하고 있습니다. 저희가 원천기술 개발과 특허가 주 무기가 돼야 하므로 특허출원과 등록을 보다 강화할 수 있었습니다.

연구·개발 인력을 확충하는 데도 첨단 기술을 개발하면서 연구·개발 인력의 숫자와 퀄리티 즉, 능력을 배양하는 게 매우 중요한데 그 부분에 있어서 역시 많은 진전이 있었습니다."

국내 소부장 기업에 필요한 건 원천기술 확보를 위한 R&D 구축 환경과 수요기업과의 연계다. 어떤 기술을 새롭게 개발한다는 건 시간과 전문 인력 그리고 비용이 소요되는 일이지만 R&D는 무엇보다 필수적인 일이다.

수요기업과의 연계성을 갖는다는 것 또한 소부장 기업들엔 말처럼 쉬운 일이 아니다. 극복하기 쉽지 않은 시장의 한계. 소부장 기업들을 위한 현실적인 지원이란 오랫동안 이어온 관행을 깰 수 있도록 새로운 환경을 조성하는 것이라고 현장은 말하고 있다.

"이제는 조금 더 여유를 갖고 대한민국의 소재·부품·장비도 많이 발전했다는 인식으로, 조금 더 적극적으로 사용하고 내가 조금 손실이 있다더라도 많은 부분의 역량이 증진됐기 때문에 한 번쯤 써보고 함께 개선해 주는 것들이 필요하다고 봅니다.

따라서 인식의 전환이 필요합니다. 국가적으로 지원해 주는 부분들이 아마도 앞으로 여러 가지 새로운 트렌드에서 많은 지원을 해주고, 또 대기업에서도 계몽과 지원을 아끼지 않는다면 함께 상생해서 성장해나가는 데 큰 원동력이 될 거로 생각합니다."

🔬 반도체 장비용 테스트 베드 구축의 필요성

경기도 용인에 위치한 명지대학교를 찾았다. 이곳엔 아주 특별한 연구소가 자리 잡고 있다. 반도체 공정에 필요한 부품과 장비의 성능을 검증하고 또 평가할 수 있는 시스템인 '반도체 장비용 테스트 베드'가 구축돼 있다. 대학교 내에서 이러한 규모의 테스트 베드가 운영된다는 건 보기 드문 일이다. 하지만 소부장 기업들 특히, 장비를 개발하는 기업들에 이곳은 아주 잘 알려진 장소라고 한다. 그 이유는 반도체용 장비 기업들이 생태계 속에서 찾아볼 수 있다.

홍상진 / 명지대학교 전자공학과 교수

"국내에는 반도체 장비용 부품들이 사실 존재하지 않았던 시절이 있었습니다. 그러면서 자연스럽게 외국에 있는 핵심 부품들을 채용해 장비 국산화에 성공했습니다. 그 이면에는 여전히 반도체의 핵심 장비와 부품들에 대한 해외 의존도가 높다는 점을 가지고 있습니다. 그래서 우리나라에서도 반도체 제조 기술뿐만 아니라 반도체 장비 제조 기술도 어느 정도 성숙한 상황에 있으니, 반도체 장비 안에 들어가는 핵심 부품·부분품들의 기술을 개발해야 하는 시기가 되지 않았나 하는 생각이 듭니다."

명지대학교 반도체 장비용 테스트 베드 연구소

첨단 기술의 핵심으로 초미세 공정이 집적되어 완성되는 반도체. 반도체를 만들기 위해서는 특수한 환경과 정밀 기술들이 동원되어야 하는데, 수율을 결정하는 건 고순도의 소재뿐만 아니라 모든 공정을 구성하는 장비의 성능이다.

거의 모든 것의 과학

사람이 아닌 완벽하게 설정된 값으로 움직이는 기기들로 구성된 반도체 제조 라인. 장비의 성능과 품질은 곧 반도체의 완성도와 불량품의 개수를 좌우한다. 현재 실제 공정에 사용하는 장비와 장비를 이루는 구성 부품들은 해외 의존도가 상당히 높다.

세계 반도체 장비 공급기업

순위	기업명	국가	점유율	순위	기업명	국가	점유율
1	A사	미국	20.9%	7	S사	대한민국	2.1%
2	B사	미국	15.9%	16	A사	대한민국	0.7%
3	C사	일본	14.1%	22	A사	대한민국	0.4%
4	D사		14.1%	27	A사	대한민국	0.4%
5	A사		20.9%				

70.5%   3.6%

세계 반도체 장비 공급기업은 상위 5개의 기업이 세계시장 70% 이상을 점유하고 있다. 세계시장 30위권 내에서 국내 반도체 장비 기업은 단 4곳뿐이다. 그만큼 반도체 장비 기술은 해외 기업을 중심으로 구축되어 있으며 장비용 부품과 소재 개발에도 한계점을 지니고 있다.

민우식 / 반도체공정진단연구소 연구교수

"반도체의 경우 테스트 장비가 일반적으로 수십억 원에서 수백억 원의 장비가 있어야 합니다. 그러니까 웬만한 소부장 업체가 그런 것들을 보유할 수도 없고 장비를 보유해도 평가하는 곳이 없어서 전략적인 투자가 필요한 상황입니다. 그런 테스트 베드를 구축한다면 소부장 업체들이 마음 놓고 자신들의 아이디어를 실제로 평가받고, 평가받은 신뢰도를 갖고 실제 장비에 장착하거나 소자를 만들 수 있는 분위기를 만들 수 있다고 생각합니다."

정부의 주도로 반도체 장비의 국산화를 위한 움직임이 활발히 일고 있지만, 문제는 새로운 장비를 개발해도 그 성능을 검증하지 못한다면 수요기업이 사용할 수가 없다는 것이다. 장비용 테스트 베드를 통해 데이터를 축적하고 실공정에서 나타날 수 있는 변수에 따라 대안점을 파악해야 하는데, 중소·중견기업들에 있어 이 단계를 넘어가기란 좀처럼 쉽지 않은 일이다.

홍상진 / 명지대학교 전자공학과 교수

"우리 연구소에서는 개발된 부품을 가지고 바꿔 장착하면서 실제 공정이 잘 수행되고 있는지 아닌지를 평가하는 방법으로 진행하는 점이 차별성이라고 볼 수 있습니다."

장비의 성능을 검증하는 테스트 베드. 소부장 기업들에 이러한 시설을 사용할 기회가 없다면 개발한 부품과 장비는 무용지물이 된다. 대학에 구축한 반도체 장비용 테스트 베드가 업계의 관심을 한 몸에 받는

거의 모든 것의 과학

이유이기도 하다. 아주 작은 부품 하나라도 신뢰도를 얻기 위해 혹은 성능을 보완하기 위해 반도체 장비와 부품 분야의 기업들은 수시로 이곳을 찾는다고 한다.

장비에 관한 데이터를 축적하고 데이터 분석으로 공정 상태를 진단하는 데 있어 학교라는 공간은, 연구 인프라를 활용하며 다양한 분야의 연구자들과 소통할 수 있다는 점에서 특별한 장점을 지니고 있었다. 그렇다면 소부장 기업에 있어 자유롭게 사용할 수 있는 테스트 베드란 과연 어떤 의미를 지니고 있을까?

이창섭 / 플라즈마분광기 제조기업 대표이사

"국내 소부장 기업이 제품을 개발하면, 이 테스트 베드를 활용해서 좋은 성능을 검증받아야 국내 반도체 현장에 확대 보급할 수 있을 것입니다. 국내에서 개발된 제품들이 이러한 테스트 베드를 통해서 특히, 학교에 구축한 설비라든지 학교 연구 인프라를 잘 활용하고 산학연 지원을 잘 받으면, 저희가 더 제품들에 기술의 고도화라든지 기술 자립 측면에서 신속한 성과를 낼 수 있으리라는 큰 기대감이 있습니다."

정부는 이런 산업계의 수요를 반영하여 37개 공공연구원에 2만 개 이상의 장비를 활용하여 지원하고 있으며 첨단 장비를 계속 확충해 나가고 있다.

2장 세계 자원전쟁&기술 혁신 K-소부장

🔔소부장 경쟁력 강화를 위한 특별법

지속적으로 소부장 기업들에 힘을 실어줄 방법은 무엇일까? 2020년 4월 1일부로 시행된 '소부장 특별법'에는 소부장 지원에 관한 법적 근거가 담겨 있다. 정식 명칭은 「소재·부품·장비 경쟁력 강화를 위한 특별 조치법」으로 지원 분야는 소부장의 기술 개발, 인력 양성, 신뢰성 및 성능 평가 지원 등이다.

이 특별법은 수요 창출을 위한 전 주기의 지원 체계를 확립한 데에 의미가 있다. 이를 위해 2020년 1월, 2조 1천억 원 규모의 소부장 특별 회계를 신설했다. 지속적인 정책 시행을 위한 강력한 추진 체계의 핵심은 수요-공급기업 간 협력모델을 발굴하고 금융, 입지, 규제 특례 등을 중점적으로 지원하는 방식이다.

앞으로 정부는 협력모델 대상을 국내에서 글로벌 수요기업까지 확장하며 소부장 선순환 생태계를 마련할 계획이다. 그리고 국내 1등 기업을 세계 1등 기업으로 키우기 위해 으뜸기업 100개를 선정하고 집중적으로 지원할 계획이다.

박재근 / 한국반도체디스플레이기술학회장

"우리나라 정부에서 소재·부품·장비의 국가적인 경쟁력을 높이기 위해서 '소부장 경쟁력 위원회'를 만들었습니다. 이는 소부장 특별법에 의해서 R&D 예산 및 규제 완화를 지원하고 있습니다. 이러한 정부의 '소부장 특별법'은 1, 2년 지원해 주는 것이 아닌 법으로 형성되어 있기 때문에 지속적으로 지원해 줘야 합니다.

우리나라가 진정 소재·부품·장비의 해외 의존성 특히, 기술의 난도가 높은 제품에 대한 해외 의존성을 줄이기 위해서는 지금 만들어진 '소부장 특별법'이 지속해서 R&D 예산 및 정부의 정책이 시행돼야 한다고 봅니다."

이어서 R&D를 적극적으로 투자해 국내 독보적인 기술력을 가진 기업들을 살펴보자. 먼저 충북 충주에 자리한 한 공장, 이곳은 이차전지 소재 기업의 생산 현장이다. 빼곡히 연결된 파이프들과 각종 체임버 속에서 소재의 합성·분리·정제 과정 등이 이뤄진다. 공정의 소재는 바로 이차전지 전해액이다. 특히 이 기업은 배터리의 성능과 안정성을 좌우하는 전해질 첨가제 분야에서 독보적인 기술력을 가지고 있다.

김경철 / 이차전지 전해액소재 제조기업 이사

"일반적으로 이차전지는 크게 네 가지로 나누어집니다. 양극도, 음극, 이것을 분리하는 분리막 그리고 저희가 생산하고 있는 전해액입니다. 전해액을 다시 나누면 전해질, 플러스 첨가제, 리튬염입니다. 저희는 이 세 가지를 정제하고 합성하는 업체입니다.

이차전지는 워낙 범용적으로 사용하고 있어서 앞으로의 흐름에서 더 많이 사용할 수도 있습니다. 쉽게 말하자면 전해액이란 사람 인체의 혈액과 같은 중추적인 역할을 하고 있습니다."

배터리에 들어가는 마법의 가루로 불리는 전해질 첨가제

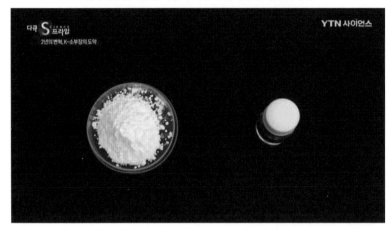

R&D에 적극적인 투자를 하고 있는 이곳에선 전해질 첨가제 개발이 한창이다. 전해질 첨가제란, 리튬이온배터리의 전해액에 들어가는 물질로 배터리의 수명 향상과 충·방전 효율 개선, 저온 방전 억제 등 배터리의 성능 개선에 영향을 주는 첨가 물질이다.

리튬이온배터리의 단점을 보완하는 것이 바로 전해질 첨가제의 역할이다. 수명과 안정성 확보가 관건인 리튬이온배터리. 전해질 첨가제의 국산화는 해외 의존도가 높았던 배터리 소재 분야에서 국내시장의 커다란 주목을 받았다.

김경철 / 이차전지 전해액소재 제조기업 이사

"이차전지 최종 배터리 셀은 국내 3사가 워낙 잘하고 있지만, 핵심 소재들은 다른 반도체 소재와 마찬가지로 국산화가 거의 전무했던 상황이었습니다. 그때는 국내 업체들이 전해진 합성에 대해서 접근하지 못했고, 예전에 삼성전자가 부품을 사다가 조립만 했던 것처럼 이차전지 전해질도 해외에서 원료를 사서 정제하는 수준이었습니다. 거의 해외에 의존했다고 볼 수 있겠죠."

그만큼 화학소재의 합성 레시피를 개발한다는 건 긴 시간과 노력이 꾸준히 이뤄져야 얻을 수 있는 결과다. 배터리에 들어가는 마법의 가루로 불리는 전해질 첨가제. 원료 합성부터 포장까지 전 제조 공정에 있어 관건은 수분 제거다. 다루기 어려운 원료들을 사용하며 방심하는 순간 화학 반응을 일으킬 수 있다는 사실을 알기에 이들은 안전에 항상 유의한다.

전해질 첨가제 제조 모습

이렇듯 리튬이온배터리의 성능과 효율을 높이는 소재를 개발하고 또 생산하는 일은 수없는 시행착오를 통해 쌓은 노하우를 바탕으로 이뤄지고 있다. 그리고 이렇게 10년간 이어온 연구의 결실은 첨단 산업 소재 기업을 지원하는 정부의 소부장 추진 정책과 만나 기업의 경쟁력으로 드러났다.

이동호 / 이차전지 전해액소재 제조기업 상무

"일본의 수출 규제 이후 정부의 여러 가지 지원정책이 있었습니다. 그전에는 정부 과제가 한정된 아이템들이었는데 지금은 폭이 좀 더 넓어졌습니다. 최근 우리가 특허출원을 10건 정도 했는데 기존에는 1년에 2~3건 정도였다면 지금은 2배 이상 늘었습니다. 그만큼 특허 출원에 속도도 빨라졌고 다양화됐습니다."

수많은 소부장 기업 중에는 규모와 인력을 갖춘 중소기업들이 있다면 이제 막 시장에 진출한 스타트업도 있다. 첨단 산업 분야의 구성원으로서 스타트업의 경쟁력 또한 눈여겨볼 필요가 있다. 그래서 다음으로 찾아가 본 곳은 플라즈마 코팅 기술을 보유한 기업이다.

홍정기 / 플라즈마코팅 전문기업 대표이사

"현재까지 플라즈마 코팅 기술은 일본이나 유럽 같은 해외 기술에 많이 종속화되어 있었습니다. 수출 규제 사건과 동시에 시기가 맞춰져서 적극적인 정부 지원 아래 대상 기술 검증을 완료하고, 사업성 검증까지 해서 저희가 플라즈마 코팅 기술에 대한 원천기술 확보 및 업그레이드된 성능 기술에 관한 기술 자립화를 해서 민관에 주목받았습니다."

플라즈마 코팅 기술은 반도체 산업 분야에서 필수적으로 사용되는 기술이다. 정밀 공정에 들어가는 모든 부품에 표면처리가 요구되기 때문이다. 새로운 플라즈마 코팅 기술을 개발했다는 건, 이에 관련한 장비 제작 기술과 소재 기술 그리고 공정 기술을 동시에 지니고 있다는 것을 의미한다. 그동안 대부분의 해외 기업들이 고온에서 코팅 소재를 합성하는 습식 공법을 적용했다면, 이 기업은 상온에서도 가능한 건식 플라즈마 코팅 처리법을 개발했다.

홍정기 / 플라즈마코팅 전문기업 대표이사

"습식 코팅 기술은 일반적으로 알고 계시는 습식 도금법입니다. 용액 환경의 전기분해 방식을 통해서 비코팅제에 도금하는 집적 방식입니다. 이 기술은 폐수·폐기물·악취 등이 발생하고 작업자의 환경에 대한 문제가 많이 발생하고 있습니다.

현재 산업 방향은 ESG 산업이 이슈가 되고 있는데, 친환경·사회적 책임 경영·지배 구조 개선 등에 대한 친환경 정책이 수요가 일어나고 있습니다. 폐수와 폐기물이 없고 낮은 두께에서도 박막 구현이 가능한 친환경 하이브리드 플라즈마 코팅 기술로 대체해 미래 산업 시장에 대한 사회적 기업으로의 도약을 목표로 하고 있습니다."

폐수와 폐기물 발생이 없는 친환경 코팅 기술의 특징은, 고진공 상태에서 작업이 이뤄지며 나노미터 두께에도 높은 내구성 구현이 가능하다는 것이다. 무엇보다 고체, 액체, 기체 상태의 코팅 원료에 따른 제한이 없다.

하이브리드 형태이기 때문에 각종 산업 분야의 다양한 소재에 적용할 수 있다는 장점이 있다. 새로운 기술로 코팅 시장에 도전장을 내민 작지만 커다란 기업. 해외 시장을 뛰어넘을 소부장의 힘은 가까운 미래에 곧 두각을 나타낼 것이다.

홍정기 / 플라즈마코팅 전문기업 대표이사

"해외 플라즈마 코팅 기술은 고온에서 합성하는 이온 증착 기술입니다. 우리 기업은 소부장 정책의 적극적인 지원안에서 기존 해외 기술 대비 성능이 업그레이드된 상온에서 합성하는 기술을 개발 완

거의 모든 것의 과학

료했습니다.

또 그에 따른 부품의 원천기술과 응용 상용화 기술까지 확보 완료했습니다. 따라서 기존의 확보한 원천기술을 바탕으로 다양한 산업 분야로 확대·적용 및 신산업 창출이 가능하다고 판단합니다."

정부는 국내 소부장 기업의 경쟁력 확보와 글로벌 밸류 체인의 다변화를 위한 구체적인 전략을 실행하고 있다. 우리는 우수한 제조, 공정 기술을 갖추고 있지만 이를 뒷받침할 기반 기술 역량을 강화할 필요가 있다. 향후 10년 안에 세계적인 반도체 공급망을 추진하고 있는 건 바로 K-반도체 벨트 구축이다.

위 세계 최대 최첨단 공급망 구축 전략 맵을 살펴보면, 서쪽으로는 판교를 시작으로 기흥, 황성, 평택, 천안, 온양까지. 동쪽으로는 이천에

서 괴산, 청주 그리고 온양까지 연결되는데 이렇게 반도체 공급망 거점 지역을 하나로 연결하면 'K'자 모양의 벨트가 형성된다.

용인 반도체 클러스터를 비롯해 지역별로 제조, 소부장, 첨단 장비, 패키징, 팹리스(fabless 반도체 설계) 관련 기업들이 새로 들어설 예정이며 이미 있는 곳은 투자를 늘릴 계획이다. 특히 판교 인근에는 '한국형 팹리스 밸리'가 새로 조성된다. 2030년까지 민간 투자 510조 원 이상을 확보하는 대규모 사업. 반도체 산업과 소부장 경쟁력 강화를 위한 정부의 강력한 의지가 구체화된 것이다.

이경호 / 산업통상자원부 소재부품장비협력관

"현재까지의 성과는 완성된 성과라기보다 중간 성과이자 우리 산업이 보다 큰 도약을 하기 위한 성장 연장을 확충하는 과정이라고 생각합니다. 소부장 산업 특성상 경쟁력 확보에 장기간이 소요되는데, 좀 더 긴 호흡으로 정책 지원이 일관성 있고 지속적으로 유지되는 것이 가장 중요하다고 생각합니다. 소부장 성과가 산업 생태계에 확실하게 안착할 때까지 소부장 정책을 흔들림 없이 추진하도록 하겠습니다."

정양호 / 한국산업기술평가관리원장

"앞으로 우리는 5년 후, 10년 후의 우리 소부장이 어떤 모습으로 가야 할 것인지 큰 그림을 그리고 그에 맞는 전략을 관련 기관들이 다

들어와서 좀 더 효과적으로 했으면 좋겠습니다.

그래서 R&D 과제를 기획하는 부분, 평가하는 부분 등 그분들이 R&D를 하는 쪽에 있어서 일을 좀 편하게 할 수 있도록 행정적으로 도와주는 부분, R&D가 끝나고 개발이 되었다 하더라도 사업화하는 쪽에서 발생하는 여러 가지 문제를 같이 해결해 주는 부분 등 소부장의 생태계가 지금보다 한 단계 더 업그레이드되면 성과는 틀림없이 난다고 봅니다. 그런 부분들을 한 단계, 한 단계 차근차근해 나가는 것이 우리의 역할이라고 봅니다."

국가는 기업이 일어날 수 있도록 환경을 마련하고 전문 인력이 생성될 수 있는 제도를 마련해야 한다. 그렇다면 소부장 기업들은 무엇을 해야 할까? 너무도 당연하게 말하지만 좀처럼 하기 어려운 그 일은, 바로 기술 확보다.

박재근 / 한국반도체디스플레이기술학회장

"소부장 업체들이 우수한 기술을 이른 시간에 확보하기 위해선 대학과 정부출연연구소와 같이 공동 연구를 통해야 합니다. 소부장 업체들의 인내 그리고 도전하고자 하는 의식도 필요합니다. 5년, 8년씩 소요되기 때문에 소부장 회사들이 그러한 의지나 인내력이 없으면 현실적으로 불가능합니다."

우리는 지금까지 국가의 위기를 발판 삼아 도약하는 기업들에 관해 생각해 볼 수 있었다. 소부장이라는 하나의 이름으로 불리지만 저마다 서로 다른 힘을 지닌 기업들.

우리의 미래가 그들에게 달려있다고 말하는 건 결코 과장이 아니다. 지금처럼 스마트한 세상을 누릴 수 있는 건 첨단 기술을 구성하는 소재, 부품, 장비의 보이지 않는 역할이 있었기 때문이다.

세계 속에서도 대한민국의 저력이 굳건히 자리 잡을 수 있도록 지금은 우리의 소부장에 상생의 힘을 실어줄 때다.

거의 모든 것의 과학

작고 가볍고 오래가는
K-배터리

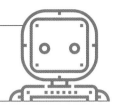

차별화된 배터리 기술력으로 글로벌 배터리 시장에 우뚝 선 K-배터리. 중국의 내수가 월등히 큰 까닭으로 대부분 중국 업체가 상승하고 있지만, 현재 리튬이온전지 세계 1위 시장 점유율은 대한민국이다. 그러나 중국이 2020년 세계 전기차 배터리 시장 점유율 1위를 달성했고 해외 완성차업체, 배터리 내재화 선언으로 K-배터리는 위기에 놓였다.

박철완 / 서정대학교 자동차학과 교수

"지금 배터리 전기차에서는 배터리팩의 단가가 상당히 높습니다. 그러다 보니까 배터리 생산업체들에 수익이 전부 간다고 생각하는 경우도 있습니다. 무엇보다도 자동차에 성능에서도 이 배터리의 성능에 의존하는 경우가 많아서 현재는 내재화가 추가되는 처지입니다."

하지만 위기 속에도 기회는 있다. 2021년 5월 21일 한미 정상회담에서 한국과 미국은 반도체·배터리 등 첨단 기술 협력을 도모했다. 또한 한-미 배터리 동맹 가속화를 위한 국내 배터리 생산업체는 글로벌 완성차업체와 합작사 설립도 발표됐다. 위기를 기회로 바꾼 K-배터리, 세상은 지금 K-배터리에 주목하고 있다.

🔋 K-배터리 전성시대

서울 강남구 삼성동에 있는 국내 최대 규모의 이차전지 산업 전시회가 열렸다. 높아진 국내 배터리 기술을 증명하듯 다양한 종류의 이차전지가 자리를 가득 메우며 전시회를 빛내주었다. 그런데 그 속에서 많은 이의 관심을 받는 대상이 있다. 바로 '전기자동차'다.

전기 자동차는 친환경 시대의 도래로 그 존재감이 날로 커지고 있다. 전기차 배터리 기술 확보가 곧 힘이 되는 시대가 열린 것이다. 그리고 이 흐름을 증명하듯 전기차의 핵심 부품인 전기차 배터리는 전 세계 이차전지 기술의 가장 중심에 서 있다.

"핵심 기술이 크게 3가지가 있습니다. 첫 번째는 배터리의 안정성, 두 번째는 긴 주행거리, 마지막으로 충전 특성(급속충전) 이렇게 크게 3가지로 핵심 기술을 나눌 수 있습니다. 배터리의 안정성은 셀 (Cell)이 모여서 배터리가 되는데, 셀의 안정성과 배터리의 안정성으로 또 나뉩니다. 그다음 긴 주행거리나 급속충전 속도는 셀 소재와 공법의 차이로 크게 좌우됩니다."

이차전지란, 한 번 쓰고 버리는 건전지와 달리 충전을 통해 재사용할 수 있는 전지를 말하는데 현재 가장 상용화된 것은 '리튬이온전지'이다.

리튬이온전지는 우리가 흔히 사용하는 스마트폰, 노트북과 같은 전자기기에 사용되는 배터리다. 그런데 전기차 시장의 폭발적인 성장으로 인해 성능 좋은 이차전지 기술의 확보가 배터리 산업의 승패를 좌우하게 됐다.

최근 국내 배터리 생산업체는 '하이니켈 배터리(high-nickel Battery)' 개발에 성공하며 K-배터리의 위상을 높였다. 리튬이온배터리 양극에 사용되는 니켈의 양을 늘려 더 힘센 배터리를 개발한 것인데, 얇으면서도 튼튼한 분리막의 개발로 하이니켈 배터리가 가지는 안전성 문제도 해결했다고 한다.

"니켈 함량이 올라감에 따라서 소재의 부피와 무게는 변하지 않으면서도 높은 에너지를 낼 수 있습니다. 니켈 함량이 올라감에 따라서 상대적으로 비싼 코발트의 함량은 낮아짐으로써 가격 재료비가 싸지는 효과도 있을 텐데요. 그 때문에 자동차의 에너지 밀도, 자동차의 주행거리를 늘림에 있어서 작고 가볍고 저렴하다는 특징 때문에 가장 효율적인 소재라고 할 수 있습니다."

제 몫을 다한 배터리의 소재를 재사용하거나 배터리를 더 오래 사용할 수 있도록 관리해주는 배터리 순환 생태계 구축 기술도 눈여겨 볼 만하다. 배터리의 무분별한 낭비를 예방함과 동시에 안정적인 소재 확보를 위해 기술을 개발하며 친환경 사회에 한 걸음 더 다가가는 것에 그 의미가 있다.

"소재 공급 안정성과 공급 가격의 경제성, 마지막으로는 배터리가 가진 친환경성입니다. 이 3가지를 동시에 추구할 수 있으므로 리사이클은 배터리 산업에서 매우 중요한 역할을 할 것으로 생각됩니다."

전기가 없는 삶을 상상할 수 없는 시대, 4차 산업혁명 시대가 도래함에 따라 배터리 기술은 해를 거듭할수록 성장하고 있다. 지금도 K-배터리는 발전된 기술을 입고 더욱 진화하고 있다.

🔋 K-배터리를 개발하는 사람들

한국과학기술연구원(KIST)에서 병 안에 든 물질을 놓고 서로 의견을 나누는 연구원들을 만날 수 있었다. 이들은 이차전지, 특히 리튬이온배터리의 성능을 높이기 위해 힘을 모으고 있다. 그중에서도 이들이 특히 주목하고 있는 것은 리튬이온전지의 음극 소재이다.

리튬이온배터리는 크게 음극과 양극 그리고 이를 분리해주는 분리막과 리튬이온을 실어 나르는 전해질로 구성돼있다. 여기서 연구진은 음극에 사용되는 실리콘계 소재의 '사전 리튬화'를 통해 배터리 성능을 높이는 데 주력하고 있다.

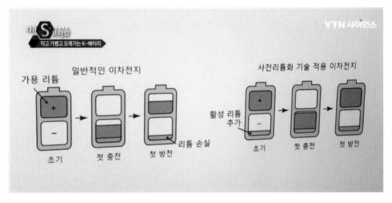

이민아 / 한국과학기술연구원 에너지저장연구단 선임연구원

"실리콘 소재 같은 경우, 활성 리튬이 전지 내부에서 비가역적으로 과도하게 소모되는 문제가 발생합니다. 이 활성 리튬의 양 자체가 에너지 밀도를 결정하는 척도이기 때문에 전지를 만들었을 때 저희가 가용할 수 있는 에너지가 많이 감소하는 문제가 발생합니다.

저희가 개발한 사전 리튬화 공정을 적용하면 이런 전지 내 비가역적인 반응을 차단해서 최대한 많은 에너지를 효과적으로 사용할 수 있게 됩니다."

'사전 리튬화'란 첫 충전 시 소실될 리튬을 미리 주입해 배터리 내 존재하는 리튬양을 보전하는 기술이다. 이 기술을 이해하기 위해서는 먼저 리튬이온배터리의 구조와 원리를 이해할 필요가 있다.

리튬이온배터리의 구조와 원리

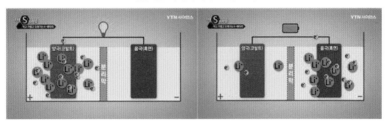

리튬이온과 전자의 이동을 통해 충·방전되는 리튬이온배터리. 양극재에는 주로 '코발트'가 사용되는데, 이들은 리튬이온과 전자의 집 역할을 하며 배터리 용량을 결정한다. 음극재는 주로 '흑연'이 사용되는데, 배터리 사용 시 저장하고 있던 리튬이온과 전자를 방출하며 이것이 모두 양극재로 이동하면 방전된다.

역으로 배터리를 충전하면 양극재에서 이동해 온 리튬이온과 전자가 음극재에 저장된다. 그러나 실리콘계 음극재의 경우 첫 충전 시 리튬이온의 20%가량이 손실된다는 문제점이 있다. 리튬이온이 손실됐다는 건 배터리의 저장 가능한 전기의 양이 적어진다는 뜻이다.

연구진은 담그기만 해도 리튬 삽입이 가능한 '고환원성 사전 리튬화 용액'을 개발해 실리콘계 음극의 한계점을 극복했다. 쉽게 말해 손실된 리튬을 미리 보충해 주는 전처리 용액을 개발한 것이다. 이는 전처리 용액에 전극을 담갔을 때 색이 변하는 것이 사전 리튬화가 일어난 증거라고 한다.

고환원성 사전 리튬화 용액에서 변하는 색

홍지현 / 한국과학기술연구원 에너지저장연구단 선임연구원

"사전 리튬화 기술을 이용하면 음극의 표면을 안정화시키고 내부에 화학적으로 리튬을 일부 삽입시켜 놓습니다. 그 후 전지를 만들어서 충전하면 양극에서 나온 리튬이온이 음극 구조 내로 바로 저장되기 때문에 그만큼의 리튬이온의 손실을 줄일 수 있습니다.

또 그만큼 리튬이온전지의 용량을 획기적으로 증가시킬 수 있습니다. 저희가 단순하게 전극을 용액에 담지하는 것만으로 충분히 음극 표면을 안정화시키고 리튬을 저장하게 되는 원리가 되겠습니다."

실리콘계 음극에 사전 리튬화 처리를 하면 얼마큼의 효과를 얻을 수 있을까? 사전 리튬화 기술을 적용한 배터리와 그렇지 않은 배터리를 비교해보면 다음 그래프처럼 그 차이가 확연히 드러난다. 일반적인 실리콘계 음극 기반 배터리는 충전 시 이론상 2.5V 이상의 전압이 나와야 하는데, 이 수치가 떨어질수록 에너지 밀도 역시 낮아진다.

그래프를 살펴보면 일반 이차전지의 경우 0.1V의 미만의 전압에서 충전이 시작되고 서서히 오름세를 보인다. 리튬이온 손실로 인해 전압

거의 모든 것의 과학

이 낮아진 것이다. 반면 사전 리튬화 처리를 한 배터리는 2.5V 수준에서 충전이 시작되는데, 그래프에서 차이가 나는 면적만큼 더 많은 에너지를 저장할 수 있다고 한다.

이를 수치로 환산해보자면 사전 리튬화한 전지는 기존의 흑연 음극 소재보다 4배가량 더 많은 에너지 저장이 가능하며, 전기차에 적용 시 그와 비례해 주행거리를 더욱 늘릴 수 있게 된다.

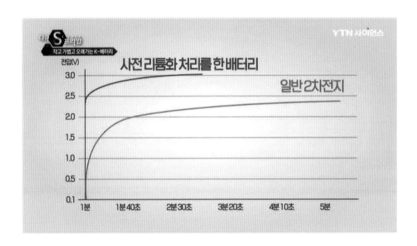

이민아 / 한국과학기술연구원 에너지저장연구단 선임연구원

"상용전지의 사용되는 흑연 전극을 사전 리튬화 후 실리콘 전극으로 교체하면, 이상적인 실리콘의 에너지 저장능력을 그대로 발현시킬 수 있습니다. 그 때문에 실질적으로 전지 에너지 밀도를 25% 이상 더 늘릴 수 있고, 이는 자동차의 주행거리를 25% 이상 늘릴 수 있는 기술로 적용할 수 있습니다."

2장 세계 자원전쟁&기술 혁신 K-소부장

배터리 개발에 힘을 싣고 있는 또 다른 연구실을 찾아가 보자. 회의하는 이들 사이로 우리의 시선을 사로잡는 물체가 있다. 다름 아닌 드론과 낯선 모양의 팩이다. 작고 납작한 이 물체는 드론을 움직이게 하는 배터리인데, 흔히 우리가 알고 있는 배터리와 조금 다른 모습의 이 배터리에 주목할 필요가 있다.

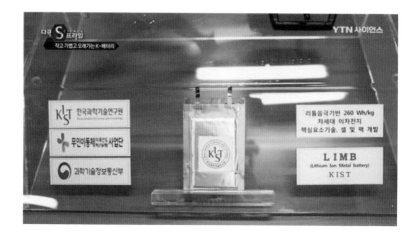

저 높은 상공에서 세상의 모습을 담아내는 드론은 우리에게 하늘을 나는 새의 시선으로 대자연을 바라볼 수 있도록 하는가 하면, 사람을 대신해 산업·사고 현장에 투입되며 미래 산업의 게임 체인저로 주목받고 있다. 하지만 비행이 가능한 시간은 최대 30분으로 더 오래 하늘을 누비기 위해선 배터리의 용량을 키워야 하는데, 용량을 늘리면 배터리의 크기가 커지고 더 무거워진다.

이는 드론의 비행 능력을 저해하는 요소로 작용하기 때문에 현재 배

거의 모든 것의 과학

터리 기술로는 30분이 최선의 체공 시간이 된 것이다. 이에 드론 배터리를 연구하는 이들에겐 작고, 가벼우면서 한 번 충전하면 오래 사용할 수 있는 배터리의 개발이 숙제로 주어졌다.

한국과학기술연구원 조원일 박사 연구팀은 기존의 리튬이온전지보다 성능이 2배가량 높은 리튬금속-이온전지를 개발하며 차세대 드론 배터리에 대한 기대감을 높였다.

조원일 / 한국과학기술연구원 에너지저장연구단 책임연구원

"카본(Carbon) 1g에서 우리가 전기를 뽑아낼 수 있는 에너지양이 약 370mA 정도 됩니다. 리튬은 그것의 10배 정도의 에너지를 갖습니다. 3,000mA 정도 또는 3.300mA 이렇게 이야기하는데요. 리튬은 흑연에 비해서 가벼우니까 전체 전지로 봤을 때 같은 무게에서 더 많은 에너지를 끌어 쓸 수 있습니다. 그래서 우리가 이 리튬금속-이온전지를 개발하게 된 것이고, 기존 리튬이온배터리 대비 시간상으로 거의 2배의 드론을 띄울 수 있는 전지를 자체적으로 개발하여 시연한 기록이 있습니다."

흑연 그리고 리튬금속을 음극재로 사용한 배터리를 장착한 후 드론의 체공 시간을 비교해봤다. 일반 리튬이온배터리는 17분 만에 방전된 데 반해, 리튬금속-이온배터리는 36분이 지난 후에야 방전됐다. 이렇게 드론의 체공 시간을 높인 비결은 리튬금속 공정 기술에서 찾아볼

수 있다.

리튬금속은 동일한 부피의 흑연 대비 더 많은 에너지를 저장할 수 있지만 표면에 비정상적으로 생기는 결정 때문에 수명이 단축되거나 폭발의 위험이 있다. 연구진은 그래핀계 나노소재를 리튬금속 표면에 고르게 뿌려 일종에 '인조 보호막'을 입힘으로써 이러한 문제를 해결했다.

연구진은 여기서 멈추지 않고 배터리를 1,200회 이상 충·방전해도 초기의 성능을 80% 이상 유지할 수 있는 최적의 전해질 배합 조건도 찾아냈다. 리튬금속을 활용해 고용량·고수명 전지를 개발할 수 있게 된 것이다.

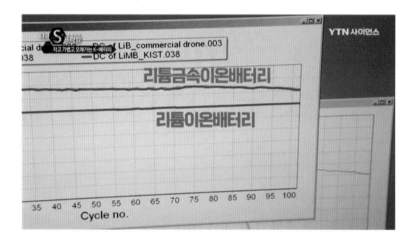

하지만 현재 리튬금속-이온전지는 사용하면 할수록 완충량이 조금씩 떨어지는 현상을 보이는데, 이것이 연구진이 해결해야 할 또 하나의 숙제다. 그러나 분명한 건 리튬금속 공정 기술을 확보함으로써 차세대

전지 개발에 대한 새로운 길을 모색할 수 있게 됐다는 것이다.

이승훈 / 한국과학기술연구원 에너지저장연구단 연구원

"리튬금속이 이론 용량이 더 크기 때문에 전지 용량 관점에서 한 번의 충전으로 더 오래가는 배터리라고 할 수 있겠습니다. 그러므로 우리가 일상생활 혹은 앞으로 각광받고 있는 작은 셀룰러 폰에서부터 전기자동차 그리고 에너지 저장 장치 등에도 충분히 사용할 수 있는 시스템입니다."

🔋스티커형 마이크로 슈퍼 커패시터

특별한 에너지 저장 장치를 연구하고 있는 한국에너지기술연구원(KIER)을 찾았다. 다양한 이미지가 그려져 있는 낙엽들이 눈에 띄는데 조금 더 자세히 살펴보면 낙엽 위에 그림을 그렸다고 보기엔 아주 정교한 모습을 하고 있다.

이 그림은 단순한 그림이 아니라 '스티커형 마이크로 슈퍼 커패시터[*]이다. 전기를 저장하고 방출할 수 있는 일종의 스티커인 것이다.

---

*   capacitor(condenser) 주로 전자회로에서 전하를 모으는 장치

2장 세계 자원전쟁&기술 혁신 K-소부장

"에너지 저장 전원 장치의 모양 자체가 획기적으로 개발돼야지 웨어러블 디바이스에 있어서도 어떤 모양의 제약 없이 할 수 있습니다. 그런 관점에서 어떻게 하면 좀 더 다양한 디자인의 웨어러블 디바이스 개발과 다양한 형태를 갖춘 디바이스를 구동할 수 있는 배터리를 만들 수 있을까. 그런 것을 고민하면서 연구를 진행했고 유연한 기능뿐만 아니라 어떤 곳이든 탈부착이 가능한 스티커 형태의 에너지 저장 장치를 만들었습니다."

연구진이 개발한 스티커형 마이크로 슈퍼 커패시터

스티커형 마이크로 슈퍼 커패시터는 그래핀 옥사이드 소재의 전극을 필름 형태로 만들어 유연성을 부여한 소형 에너지 저장 장치이다. 이를 제작하기 위해선 먼저 전극 공정이 필요한데, 임시 기판 위에 그래핀

옥사이드가 잘 도포될 수 있도록 UV 처리를 하고 그래핀 옥사이드를 올려 넓게 퍼트려 준다.

장규연 / 한국에너지기술연구원 변환저장소재연구실 연구원

"실리콘 옥사이드나 실리콘 웨이퍼가 소수성을 가져서 물과 친하지 않기 때문에 이것을 떨어트리게 되면 분산이 잘되지 않습니다. 그래서 이것을 조금 없애주기 위해서 UV 오존 처리를 해서 물을 잘 흡수하도록 만들고 표면 전체가 물과 친해질 수 있게 만들어둡니다. 그다음에 드롭 캐스팅해서 조금 돌려주면서 고르게 펴지도록 한 다음 건조합니다."

한국에너지기술연구원 연구진은 건조과정을 거쳐 만들어진 필름에 극초단 레이저 공정 기술을 적용해 높은 전기전도성과 내구성을 가진 소자 개발에 성공했다. 순간적으로 최대 출력을 발생시키는 레이저를 필름에 조사하면, 그 빛을 따라 이산화탄소나 수분이 날아가면서 팽창된다. 이를 통해 다공성의 그래핀 전극을 제작할 수 있게 된 것이다.

윤하나 / 한국에너지기술연구원 변환저장소재연구실 책임연구원

"저희가 개발한 마이크로 슈퍼 커패시터 같은 경우 깍지 형태로 양극과 음극이 배치되어 있습니다. 그래서 그 사이사이 길로 전해질이 잘 침투를 할 수 있어서 작은 면적 또는 작은 부피당 저장할 수 있는

에너지 저장 용량도 높아져서 집적도도 높일 수 있습니다.

대신에 기존의 슈퍼 커패시터가 갖고 있던 고출력 특성이라든가 내구성, 장수명 특성 같은 것을 보유하면서도 용량 집적도를 높일 수 있습니다. 그래서 에너지 밀도를 상대적으로 면적 당 또는 부피 당 에너지 밀도로 상대적으로 높일 수 있는 장점이 있습니다."

여기서 끝이 아니다. 연구진은 유연한 이 에너지 저장 장치를 더 다양한 곳에서 쉽고 간편하게 활용할 수 있도록 접착력을 더했다. 점탄성이 우수한 고분자 전구체를 넣어준 것이다. 고분자 물질을 도포한 후 진공 상태에서 기포를 빼주면, 고분자 전구체가 다공성 그래핀 전극 사이에 고르게 침투된다. 이를 건조하면 전극과의 결착성이 높아지고 접착성이 우수해져 성능 저하 없이 전지를 구동할 수 있게 된다.

이아영 / 한국에너지기술연구원 변환저장소재연구실 연구원

"3차원적으로 부풀어 있는 환원 그래핀 옥사이드(rGO) 전극에 고분자 기제를 넣어주는 과정에서 그 안에 있던 기포들을 다 빼주는 과정입니다. 그렇게 해야 완전히 고분자 기제와 rGO 전극 간에 강한 결착성을 가지게 해서 나중에 셀 성능의 저하 없이 구동할 수 있게 합니다."

모든 공정 과정이 끝나고 임시 기판에서 그래핀 필름을 분리하면 드

디어 스티커형 마이크로 슈퍼 커패시터의 제작이 끝이 난다. 이렇게 탄생한 에너지 저장 장치는 작고 얇지만, 기존의 리튬 박막전지보다 부피당 13배 정도의 높은 출력밀도를 가지며 빠른 충전이 가능하다.

작고 가볍고 유연한 만큼, 다양한 웨어러블 디바이스에 적용할 수 있을 뿐 아니라 200번가량 붙였다 떼기를 반복해도 97% 이상의 성능 유지율을 보인다고 한다.

윤하나 / 한국에너지기술연구원 변환저장소재연구실 책임연구원

"슈퍼 커패시터의 전하 저장 메커니즘 자체가 어떤 전해질 이온의 흡착과 탈착하는 그런 과정을 통해서 이루어지기 때문에 리튬 박막전지, 리튬배터리보다는 에너지 밀도가 떨어지는 부분이 있습니다. 전극 자체의 집적도를 높인다던가 아니면 저희가 사용하는 전해질도 지금 고분자 겔 전해질을 사용하고 있는데, 그 전해질이 어떤 전압 구동 범위를 넓은 걸 사용한다든가 하는 식으로 에너지를 높일 방법을 고안할 생각입니다."

2장 세계 자원전쟁&기술 혁신 K-소부장

유연성이 떨어져 다양한 웨어러블 디바이스에 적용하기 힘들었던 이차전지의 한계를 극복한 이들. 상용화를 위해 해결해야 할 숙제가 존재하지만 문제를 해결해 나가는 과정을 통해 우리나라의 배터리 기술도 한층 성장할 수 있을 것이다. 시대가 필요로 하는 다양한 배터리의 개발은 국내 배터리 산업의 기반이 되어줄 것이다.

🔋K-배터리 산업 도약을 위해!

이번에는 국내 배터리 산업의 도약을 위해 근본적으로 해결되어야 할 '이것'에 대한 연구가 진행 중인 곳을 찾았다. 조그마한 코인 셀에 연구 비밀이 숨어있다. 그 정체가 궁금한 배터리는 지금 연구원의 손끝에서 만들어지는 것이 연구의 결과물이라고 한다. 이들이 주목하고 있는 건 '나트륨이온 배터리'이다.

거의 모든 것의 과학

나트륨이온 배터리는 '나트륨'이라는 단어를 통해서 알 수 있듯, 우리 주변에서 쉽게 구할 수 있는 소금을 활용해 만든 배터리(이차전지)다. 이 배터리는 음극, 양극, 전해질, 분리막 등 리튬이온전지와 유사한 구조로 이루어져 있지만 전기 발생에 사용하는 물질이 리튬이 아닌 나트륨이라는 점에서 차이가 있다.

정경윤 / 한국과학기술연구원 에너지저장연구단장

"나트륨이온 전지 같은 경우에는, 리튬이온전지의 가격 한계점을 극복하기 위해서 많이 연구하고 그런 부분을 건드는 이차전지라고 생각하시면 됩니다. 딱 듣기에도 나트륨이라고 하면 풍부하기 때문에 값이 저렴한 원소입니다. 우리 바닷물 속에도 잔뜩 있고 지각 위에도 상당히 많이 존재합니다. 그래서 자원의 문제도 별로 없고요.

나트륨이온 전지를 개발하게 된다면, 우리가 이차전지의 가격을 매길 때 '$/kWh*'라고 합니다. 이는 시간당 1kW의 전기 저장할 때 드는 가격을 말합니다. 그걸 $/kWh라는 기준으로 보게 되면 나트륨이온 전지가 리튬이온전지보다 상당히 유리한 측면이 있습니다. 그래서 나트륨이온 전지는 향후 가격이 더 중요한 아주 대용량으로 사용되는 대규모의 에너지 저장 장치에 많이 사용될 수 있으리라 생각하고 있습니다."

---

* 킬로와트시 kilowatt-hour(s), 1시간에 1킬로와트가 제공되는 양에 상당하는 전력 단위

2장 세계 자원전쟁&기술 혁신 K-소부장

연구진이 나트륨이온 전지를 만들기 위해 선택한 재료는 소금의 주성분인 염화나트륨이다. 염화나트륨은 나트륨이온의 이동이 어려워 그간 전극 소재로 크게 주목받지 못했다. 그러나 이들은 전기화학적 공정을 통해 염화나트륨을 전극에 활용하기 적합한 구조로 만들었다.

그리고 이 염화나트륨에 도전제와 바인더를 혼합해 나트륨이온 배터리 양극 제작에 성공했다. 안정적인 소재 수급이 가능한 전극이 탄생한 것이다.

정지원 / 한국과학기술연구원 에너지저장연구단 연구원

"전극으로 사용하고 있는 NaCl(염화나트륨), 소금이라고 할 수 있습니다. 그 자체는 전기전도성이 없어서 전기전도성을 향상시켜줄 수 있게 카본 소재를 섞어줍니다. 캐스팅해야 하기 때문에 접착성이 있

거의 모든 것의 과학

는 바인더를 추가로 써서 BNP 용매(양극재 바인더 용매)를 섞어서 추가한 뒤 점도를 맞춘 슬러리 형태로 만들어줍니다.

그다음에 슬러리를 캐스팅해서 전극 형태로 만들어주고, 특정 온도에서 건조한 후에 전극으로 뚫어서 배터리를 조립할 때 사용하고 있습니다."

세상 가장 값진 물질 소금이 만들어낸 작은 불빛. 무한대에 가까운 염화나트륨은 그 어떤 소재보다 높은 경제성을 가졌기에 대규모 전력이 필요한 곳에서 그 진가가 드러날 것으로 기대하고 있다. 이처럼 소재의 다양화는 배터리 성능 향상을 불러올 뿐 아니라 소재의 국산화라는 과제 해결에 큰 힘을 실어줄 것이다.

정경윤 / 한국과학기술연구원 에너지저장연구단장

"나트륨이온 전지 같은 경우에도 양극 소재와 음극 소재의 후보군이 다양하게 존재합니다. 현재로서는 소재 각각의 특장점을 발굴해내고, 이 중에 가장 똘똘한 놈이 어떤 놈이냐를 찾고 있는 그런 단계라고 보시면 됩니다. 거기에서 우리가 어떤 소재를 사용했을 때 나트륨이온 전지의 성능이 잘 나올 것 같다는 게 어느 정도 결정이 되면, 그것을 가지고 집중적으로 성능 최적화하면서 전지를 개발하게됩니다."

2장 세계 자원전쟁&기술 혁신 K-소부장

현재 세계 배터리 시장은 치열한 경쟁이 이어지고 있다. 그 속에서 우리나라는 배터리 제조에 강세를 보인다. 하지만 배터리 산업을 조금 더 자세히 들여다보면 한계점이 존재한다. 천연자원의 부족으로 소재의 국산화, 소재 기술 개발에 어려움이 있는 것이다.

박철완 / 서정대학교 자동차학과 교수

"소재의 원료라든지 전고체 부분에 있어서 그동안 우리나라가 상당한 투자를 했음에도 불구하고 아직 제대로 국산화가 안 됐거나, 국산화하다가 수익성이 좋지 않아서 아예 중국이라든지 일본 같은 국외로 의존도가 넘어가 버린 겁니다.

만약에 한중 무역분쟁이란 게 실제로 일어나진 않았지만 그러한 어떤 극한의 상황이 되었을 때, 중국에서 전고체에 대한 수출 규제를 해버리면 우리나라는 힘들어집니다. 전기차의 3원계 전고체라고 부르는 게 있습니다. 이쪽은 거의 상당 부분이 중국에 의존하고 있어서 이 부분에 대한 대책이 절실한 상황입니다."

몇 해 전, 일본의 수출 규제로 반도체 생산에 필요한 핵심 소재의 수입 길이 막히면서 국내 산업이 큰 타격을 입었다. 이 사태는 소재의 국산화가 얼마나 중요한지를 단적으로 보여준 사건이다.

해외 소재에 의존도가 높은 배터리 역시 이러한 문제에서 자유로울 수 없다. 즉, 배터리 소재의 국산화 그리고 관련 기술의 확보로 어떠한

거의 모든 것의 과학

바람에도 흔들리지 않게 뿌리를 튼튼히 해야 한다는 것이다.

정경윤 / 한국과학기술연구원 에너지저장연구단장

"국산화 100%를 말씀드리는 건 아닙니다. 일단 우리가 대응할 수 있게끔 해야겠죠. 현재 사회에서 그리고 이런 경제 구조에서 100% 국산화라는 건 힘들 겁니다. 혹시나 수출 규제 같은 게 있거나 하더라도 밴더를 바꿔서 우리나라 기업이 좀 더 많이 만들게 하는 식으로 대응할 수 있게끔 이렇게 해야 합니다.

국산화도 국산화지만 소재 기술력을 가지고 있는 게 차세대 이차전지 기술력을 가지고 있다고 얘기할 수 있거든요. 그래서 그런 측면에서도 기술우위를 점하기 위해서라도 기술들을 많이 확보해야 합니다."

🔋이차전지 생산을 위한 기술·소재 확보 움직임

우리 일상 속 다양한 곳에 배터리가 활용되기 위해서는 용량이 크고 빠른 충전이 가능해야 한다. 경기도에서 배터리 생산이 이루어지고 있는 공장을 살펴보자. 바쁘게 움직이는 기계들 사이로 모습을 드러내는 검은색의 전극은 배터리의 효율을 높여줘 전지가 다양한 곳에서 제 역할을 해낼 수 있도록 돕는다.

"양극재 기술은 이렇게 올라갔는데 음극재 기술은 다소 소외적이었습니다. 그런데 뭐든지 균형이 맞아야 하는데 한쪽만 발달했던 거죠. 그래서 저희는 음극재에 주력했고 실리콘 음극재를 양산에 성공하는 바람에 이제는 균형이 맞은 겁니다. 양극과 음극의 균형이 맞아서 크기가 같은 배터리일 때 두 배로 오래 쓸 수 있는 그런 배터리가 세상에 나올 수 있게 됩니다."

음극은 배터리의 용량을 결정하는 중요한 요소 중 하나다. 양극에 아무리 많은 리튬이온이 있다고 해도 음극에서 이를 다 받아들일 수 없다면 결국 배터리의 용량은 줄어들 수밖에 없기 때문이다.

이곳에선 자체적으로 확보한 소재 공정 기술을 바탕으로 음극재를 배합해 고용량 배터리 개발에 성공했다. 그렇다면 소재 공정 기술을 통해 만들어진 음극재는 일반 음극재와 어떤 차이가 있을까?

"보시다시피 이쪽이 순수 그라파이트(Graphite 흑연) 원료입니다. 그리고 이쪽이 실리콘이에요. 이렇게 흔들어보면은 뿌옇게 가루가 묻어있고 이쪽은 깨끗합니다. 그것은 기존의 이 그라파이트에다가 실리콘을 나노 단위 형태로 분쇄해서 증착하고 코팅했습니다.

실리콘 10%를 섞어서 크기가 같을 때 배터리 용량을 두 배 사용할 수 있는 두 배 용량의 배터리를 저희가 세계 최초로 개발해서 양산 직전에 있습니다."

순수 그라파이트 원료(우) & 실리콘 분쇄 증착 코팅한 원료(좌)

실리콘은 흑연 대비 10배가량 높은 리튬이온의 저장이 가능하지만 팽창의 위험이 있다. 반면 흑연은 실리콘에 비해 높은 안정성을 보이기 때문에 그 양을 적절히 배합해 사용하면 안전하고 용량이 높은 이차전지를 개발·생산할 수 있다.

하지만 실리콘 소재를 100nm 이하로 대량 생산하기 힘들다는 점이 한계로 작용한다. 그러나 이들은 실리콘 소재를 100nm 이하로 공정하는 것은 물론, 특수바인더와 전해액 개발로 안전하고 용량이 큰 배터리의 생산 기반을 다질 수 있었다. 소재 기술 확보의 중요성이 증명된 것이다.

　　　　　　　　　2장 세계 자원전쟁&기술 혁신 K-소부장

"기존의 음극재는 10μm 정도 되는 그라파이트만 사용했다면 여기에 용량을 높이기 위해서 실리콘을 첨가했습니다. 실리콘은 충전되는 과정에서 부피팽창이 일어납니다. 이를 해결할 방법은 실리콘을 나노화 시키는 방법입니다.

저희 같은 경우 흑연 실리콘 입자들을 분쇄하는 기술을 통해서 10~100nm까지 분쇄할 수 있습니다. 그것을 흑연 표면에 증착시키고 물리적으로 공정하고 실리콘을 보호하기 위해서 '피치 카본'이라는 비정제 카본으로 최종 외곽 코팅하는 방식으로 음극재를 제조하게 됩니다."

그렇다면 고용량 배터리는 어디에 사용할 수 있을까? 우리 일상에서 충전해 사용하는 전자기기 대부분에 적용할 수 있는데, 한 번의 충전으로 기기를 더 오래 사용할 수 있게 될 것이다.

소재 공정 기술은 고효율 배터리뿐만 아니라 고속 충전이 가능한 고출력 전지에도 적용될 수 있다. 고속 충전은 배터리에 사용하는 소재, 충전기, 기계에 적용된 충전기술에 따라 좌우된다.

이들은 음극재와 양극재 그리고 전해질 소재를 기반으로 높은 출력과 오랜 수명을 가지는 배터리의 가능성을 제시했다. 전기차, 전기 오토바이 등에 적용한다면 고속 충전이 가능해 배터리 충전 시간을 더욱 단축시킬 수 있는 것이다. 이처럼 산업체에서 들려오는 기분 좋은 소재 기술 개발 소식. 이 작은 배터리가 이끌어갈 K-배터리 시대를 기대해 봐도 좋을 것이다.

유성운 / 이차전지 생산업체 대표이사

"이제 원천기술을 확보하지 않는다면 앞으로는 상당히 불투명하다고 생각합니다. 그래서 저는 '원천기술을 확보하는 게 제일 중요하다'고 생각합니다. 미래의 큰 먹거리 시장이 배터리인데 다 중간재를 사다가 완성하는 것은 앞으로 많은 문제를 야기시킬 수 있다고 생각합니다.

그러므로 저희는 원천기술을 개발하는 것에 주안점을 뒀고 지금 완성했기 때문에 세상에 '아직은 우리만 대용량 배터리를 만드는 그런 결과를 냈다'라고 생각합니다."

또 다른 배터리 생산 공장을 찾아가 보자. 분주하게 움직이는 사람들 손끝으로부터 현재 전 세계적 자동차 트렌드에 부합하는 배터리가 만들어진다고 하는 이곳. 소재로부터 시작해 다양한 공정 과정을 거치며 서서히 제 모습을 찾아가는 배터리를 볼 수 있다.

이곳에서 생산하는 배터리는 지금껏 살펴본 이차전지와는 조금 다르다. 리튬이온을 기반으로 하는 이차전지가 아닌 '납축전지'이기 때문이다.

납축전지란, 납 전극과 묽은 황산을 전해질로 하는 이차전지 중 하나

2장 세계 자원전쟁&기술 혁신 K-소부장

다. 그 구성을 살펴보면 양극 이산화 납판과 음극 이산화 납판 그리고 두 납판이 서로 닿지 않도록 하는 격리판 등으로 이루어져 있다. 이들을 결합해 황상을 주입하면 하나의 납축전지가 완성된다. 리튬이온배터리와 소재에서부터 차이를 보이는 만큼 사용처 또한 다르다.

박철완 / 서정대학교 자동차학과 교수

"보통 내연기관에 들어가는 배터리라고 이야기할 때는 연축전지 즉, 납축전지를 주로 얘기합니다. 내연기관에서 연축전지, 납축전지가 하는 역할은 보통 시동을 걸고 그다음에 등화를 켜는 식의 용도에 많이 쓰입니다. 그런데 전기차에서의 배터리는 주행용으로 주로 쓰죠. 두 배터리의 가장 큰 차이가 뭐냐면, 리튬이온 이차전지를 쓰는 배터리 전기차 같은 경우는 배터리의 충전도 자체를 아주 낮은 값에서 완충-완방 사이를 거의 왔다 갔다 할 수 있는 정도입니다. 물론 안전

마진을 확보한 상태에서 왔다 갔다 할 수 있는데, 내연기관 자동차에서의 연축전지는 보통 시동용으로 쓰기 때문에 낮은 SOC(충전도)까지 쓸 수 없습니다."

현재 배터리 산업은 리튬이온배터리가 강세를 보이지만, 안전함이 강점인 납축전지를 필요로 하는 곳은 여전히 많다. 대표적인 예로 내연기관 자동차를 들 수 있다. 하지만 내연기관 자동차는 배기가스 배출규제 강화로 공회전 제한 시스템이 적용되기 시작했고, 그에 적합한 배터리가 필요하게 됐다.

이에 대처하기 위해 기존의 납축전지보다 성능이 강화된 'AGM배터리*'를 연구·개발하는 것이 전 세계적 트렌드다. 이곳 역시 변화하고 있는 환경 정책에 대응하기 위해 자체 개발한 기술을 바탕으로 AGM배터리를 생산하고 있다.

김성준 / AGM배터리 생산업체 기술 혁신팀장

"기판의 부식이나 노후화 때문에 배터리 수명이 빨리 종료돼서 사용이 중지되는데, 그때 가장 중요한 기술은 내부식성을 확보해야 한다는 겁니다. 그래서 고내부식성 합금을 적용하고 있습니다. 전지는 기본적으로 양극 극판과 음극 극판 사이에 분리막이라고 해서 격리

---

* Stop&Go 시스템을 탑재한 차량에 사용. 에너지 전달률이 높고 수명이 긴 배터리

2장 세계 자원전쟁&기술 혁신 K-소부장

판을 조경하여 구성돼 있습니다.

AGM전지는 그중에 격리판이 기존의 P재질에서 유리섬유(글라스 파이프) 100%로 구성된 소재를 사용하고 있습니다. 이 격리판이 전지의 내부압을 증대하고 전해액을 함축하고 있음으로써 수명을 향상시키는 기능을 하고 있습니다."

배터리 내구성을 유지하기 위해 전해액량을 정확히 제어해야 하는 AGM배터리. 이곳에선 이를 정밀하게 제어하며 배터리의 안정성과 성능을 높이는 것에 힘쓰고 있다. 이러한 노력 끝에 배터리 수명을 늘리고 시동 파워를 향상시킬 수 있었다.

정차 시 엔진이 멈추고 운행 시 다시 시동이 걸리기를 반복해 배터리의 수명을 단축시키고, 빠르게 시동이 걸려야 하는 Stop&Go 시스템

AGM배터리 생산업체 공장 현장

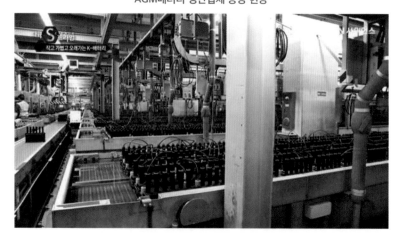

거의 모든 것의 과학

의 단점을 극복할 수 있게 된 것이다. 꾸준한 기술 개발은 일반 배터리 대비 수명 300% 연장이라는 결과를 낳았다.

이러한 기술력을 인정받아 한국을 넘어 해외로 수출하며 한국 배터리의 위상을 높이고 있다. 변화하는 시대가 필요로 하는 배터리의 개발, 이 역시 국내 배터리 기술의 한 축이 될 수 있다는 것을 확인할 수 있었다.

김성준 / AGM배터리 생산업체 기술 혁신팀장

"전기자동차 시대가 도래했는데 이런 연축전지, 납축전지가 사장되지 않겠냐고 많이들 생각합니다. 사실 납축전지가 감당할 수 있는 분야가 있습니다. 리튬이 감당할 수 있는 분야가 있고 그래서 저희가 전기자동차에도 현재 서브 전지로 AGM전지를 납입하고 있습니다. 이런 것을 통해서 지속적으로 리튬전지와 납축전지가 상생할 수 있는 기반을 다져가는 중이라고 보시면 되겠습니다. 향후에도 납축전지에 대한 시장은 어느 정도 지속적으로 유지되거나 성장이 이루어지지 않겠냐 이렇게 보고 있습니다."

이어서 한국과학기술원에 둥지를 튼 한 업체에서는 어떤 기술을 확보했는지 살펴보자. 새로운 배터리 개발을 위해 아이디어를 모으는 사람들로 가득한 이곳, 그중 화기애애한 분위기로 회의를 이끌며 유독 시선을 사로잡는 한 사람이 있다.

대학 시절 '배터리 덕후'라고 불릴 만큼 에너지에 관심이 깊었던 김주성 대표다. 그는 화학을 전공하며 배터리 연구과 개발에 몰두했고, 학생 창업 지원을 받아 어엿한 기업인이 될 수 있었다. 약 5년간 이어진 연구 끝에 전 구간이 휘어지는 '플렉시블 배터리' 개발에 성공했다.

김주성 / 웨어러블배터리 개발업체 대표

"유연한 디스플레이가 상용화되면서 저희가 살고 있는 이 세상에 좋은 영향을 미친 것들이 꽤 많이 있습니다. 사람이 살아가는 데 있어서 직선 보다는 곡선이라든지 움직임이 있는 거라든지 이런 쪽의 디바이스들이 굉장히 필요해지게 되는데요. 그런 디바이스들이 무선화되기 위해서는 배터리 또한 딱딱하지 않고 유연한 배터리 기술들이 필요한데, 그런 요구에 맞춰서 저희가 유연한 배터리를 개발하게 되었습니다."

플렉시블 배터리

거의 모든 것의 과학

신체 굴곡에 맞춰 그 모양이 달라지는 플렉시블 배터리*. 사람의 몸에 착용하는 것인 만큼 작고 가벼운 것은 물론, 발열과 폭발 등이 일어나지 않도록 안정성이 확보돼야 한다. 이들이 확보한 기술은 이를 가능케 한다. 이곳에선 얇은 알루미늄판에 소재를 일정하게 코팅하고 건조해 배터리의 핵심 부품인 전극을 만든다. 이 금속이 휘면 양극과 음극을 오가는 리튬이온이 제 자리를 찾아가지 못해 자칫 큰 문제가 발생할 수 있다.

따라서 플렉시블 배터리 전극은 높은 에너지 용량을 가지면서도 유연하고 안정적이어야 하며 반복적 굽힘에도 내구성을 유지해야 한다는 모든 조건을 충족해야 한다. 이들은 이를 해결하기 위해 소재 배합 기술을 기반으로 특수 전극을 제작해 활용하고 있다.

하진홍 / 웨어러블배터리 개발업체 연구원

"전극 코팅을 하기 위해서는 전극을 구성하는 물질들을 정확히 계량해서 믹싱한 이후에 슬러리 액을 만들게 됩니다. 슬러리 액을 가지고 양극은 알루미늄박, 음극은 구리박 기재에 일정한 두께로 건조해서 전극을 양극과 음극으로 만드는 과정입니다. 이 과정을 통해서 배터리에 사용되는 전극을 생산하고 있는 겁니다."

---

*   Flexible Battery 유연성을 가져 웨어러블에 적용 가능한 전지

그렇다면 이 배터리는 어느 정도의 내구성을 확보했을까? 밴딩 테스트[*]를 통해 이를 확인할 수 있었다. 테스트상 최소 5,000번 반복 굽힘이 가능하며 그 후에도 안정적인 배터리 용량 구현이 가능하다. 외장 파우치 기술 적용으로 배터리 전 구간이 유연하면서도 이들이 가진 핵심 기술인 리튬이온이 오가는 경로를 안정화시켰기에 가능한 것이다.

플렉시블 배터리 밴딩 테스트

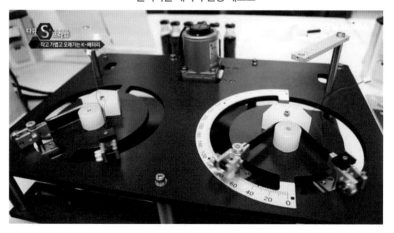

김주성 / 웨어러블배터리 개발업체 대표

"쉽게 얘기하면 종이는 아무리 많이 구부려도 잘리거나 그런 것들이 없는데 합판 있잖습니까? 똑같은 재질인데도 불구하고 합판은 구부리면 어느 정도 구부러지다 부러지게 됩니다. 그러니까 얇으면

---

[*] Bending Test 배터리의 변형 성능·결함의 유무 등을 조사하는 시험

거의 모든 것의 과학

모든 배터리, 모든 물질이 얇으면 다 유연한데 두꺼워지는데도 같이 유연해지는 게 굉장히 어려운 기술이거든요. 저희는 그러한 두꺼우면서도 용량이 크고 유연한 그런 기술들을 그러한 특징으로 구현했다고 말씀드릴 수 있겠습니다."

에너지에 관한 호기심으로 시작해 차세대 배터리를 개발한 이들. 학문적 호기심을 해결해줌과 동시에 이들의 연구를 지원해 줄 기관이 있었기에 새로운 배터리가 등장할 수 있었다. 모두의 관심과 지원이 이어질 때 우리의 배터리 기술이 더욱 단단해지지 않을까?

박철완 / 서정대학교 자동차학과 교수

"인력 양성 측면에 있어서 더 새로운 방향으로 가야 하지 않을까요? 그리고 그간 지원받지 못했던 실력 있는 교수라든지 또는 연구소들이 있습니다. 골고루 퍼트려 주는 방식으로 새로운 시도가 필요하다고 봅니다."

조원일 / 한국과학기술연구원 에너지저장연구단 책임연구원

"한 번 주도권을 잡기가 어렵잖습니까. 그런데 잡은 것을 계속 유지하기 위해 정부뿐만 아니라 민간의 연구, 정부 등이 합동해서 해야만 계속 기술우위를 점유하고 세계를 이끌 수 있는 그런 부분이 될 것입니다."

2장 세계 자원전쟁&기술 혁신 K-소부장

어두운 밤을 이겨낼 빛을 선물해준 전기. 이제 빛을 밝히던 그 힘이 세상을 움직이고 있다. 그 속에서 높은 기술력을 인정받은 K-배터리는 세계를 호령하고 있다.

하지만 영원한 것은 없는 법. 다시 한번 활기를 띠고 있는 K-배터리가 상승세를 이어 나가기 위해 더욱 노력한다면, 세계에서 우리의 입지를 더욱 굳건히 할 수 있을 것이다. 작고 가볍지만 오래가는 K-배터리의 그 무한한 가능성에 더 밝은 빛이 켜지길 기대해 본다.

한계를 모르는 과학기술인들이 위기를 기회로 바꿔
무한한 가능성의 빛을 밝히는 K-배터리

Net-Zero
2050 탄소중립

에너지 혁신,
교육으로 미래를 열다

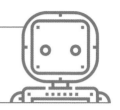

산업혁명은 인류의 삶을 완전히 바꿔놓았다. 하지만 문명을 밝히며 인류의 외적인 성장에 결정적인 기여를 한 석유, 천연가스, 석탄은 이제 온실가스의 주범이 되었다. 그리고 코로나19로 인한 석유 수요 감소와 세계 각국의 기후 변화 대응으로 화석 연료 산업이 쇠락해가고 있다. 그렇게 '탄소중립 시대'가 찾아왔다. 석유의 시대가 끝나가고 있는 것이다.

지난 2021년 11월에는 전 세계 지도자들이 '제26차 유엔 기후 변화 협약 당사국 총회(COP26)'에서 화석 자본주의의 본고장인 영국의 글래스고에 모여 탈탄소를 외치며 해결방안을 논의했다. 누구든 깨끗한 환경에서 살고 싶어 하고, 그러기에 탄소중립은 반드시 가야 할 길이라 외친다. 이러한 요구에 따라 최근 신·재생에너지 관련 산업이 급 부상하고 있지만, 문제는 탄소중립을 달성할 기술이 아직은 구체화하지 않고 있다는 것이다. 이처럼 급변하는 에너지 시대를 우리는 어떻게 맞이

해야 할까?

지금은 세계적인 에너지 패러다임의 변화를 수용하고 그 흐름에 편승할 적기이다. 미래 에너지산업의 경쟁력을 높이고 안정적인 에너지 공급을 이루기 위해 우리가 해야 할 일이 많다. 아직 부족한 관련 전문 인재 양성도 풀어야 할 숙제 중 하나다.

기후 위기 대응을 위해 전 세계 에너지 패러다임이 변하고 있다. 우리나라의 탄소중립 에너지 혁명, 큰 변화의 흐름 속에서 우리는 지금 어디쯤 와 있고 지속 가능한 미래를 위해 무엇을 해야 하는지 짚어볼 차례이다.

🔥고통받는 지구, 방법은?

폭염, 홍수, 산불 등 이상 기후 현상이 현재 우리가 사는 지구촌 곳곳에서 일어나고 있다. 특히 과도한 화석 연료 배출로 지난 10년간 지구의 연평균 기온은 크게 상승했다. 2020년 북극 대부분 지역의 기온이 이례적으로 높았고 우리나라를 포함한 중국과 일본 등 동아시아에서는 기록적인 장마와 집중호우가 발생했다.

또 미국에서도 산불과 초강력 토네이도로 수많은 인명피해를 남겼다. 한국은 세계 7위의 탄소 발생국이자 G20 국가 중 네 번째인 화석 연료 투자국으로 대표적인 '기후 위기 가해국' 중 하나이다.

"지난 30년 동안 정부와 시민들은 세계 기후 변화의 위험을 인지해 왔습니다. 미국 퓨 리서치 센터와의 교차 연구를 통해 대한민국은 대중들이 특히 우려를 나타내는 국가 중 하나로 나타났습니다."

역설적이게도 우리나라 역시 기후 위기로 인한 피해로부터 안전할 수 없다. 2021년은 한반도 연평균 기온이 역대 두 번째로 높았던 해로 기록되었고, 이상 기후로 인해 농사를 망치거나 어종이 바뀌어 어업에 큰 피해를 입는 사례가 생겨나고 있다. 이대로 가다가는 2050년에 한국은 아열대 기후 국가로 변할 것이라는 예측까지 나오고 있다.

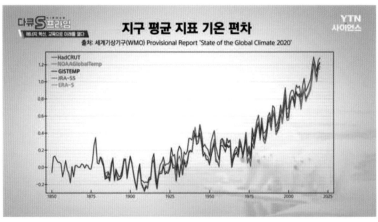

출처: 세계기상기구(2MO) Provisional Report 'State of the Global Climate 2020'

이와 같은 암울한 예측 속에서 우리가 할 수 있는 것은 단 한 가지,

얼마 남아있지 않은 시간 동안 최선을 다해 지구 온도 상승을 막는 것뿐이다. 날이 갈수록 뜨거워지는 지구로 인해 2015년 프랑스 파리에서 열린 '유엔 기후 변화 회의'에선 지구 평균온도 상승 폭을 산업화 이전 대비 2℃ 이하로 유지하고, 나아가 온도 상승 폭을 1.5℃ 이하로 제한하자는 '파리기후 변화협정'이 채택됐다. 온실가스 배출로 인한 지구 온난화를 막아보자는 것이다.

그리고 최근에는 기업에서 사용하는 전력의 100%를 재생에너지로 대체하자는 국제적 기업 간 협약 프로젝트인 'RE100(Renewable Energy 100%)'에서 선언한 글로벌 기업이 340여 개에 이른다. 그만큼 국제사회의 에너지 전환에 대한 요구는 더욱 거세져 가고 있다. 이에 따른 관련 연구의 필요성이 대두되며 전문 인재 양성이 중요한 과제로 떠오르고 있다.

🔦 새로운 희망 신·재생 에너지

탄소중립이란, 인간의 활동에 의해 대기 중에 배출되는 온실가스를 다시 흡수해 실질적인 배출량을 '0'으로 만드는 걸 의미한다. 현재 전 세계에서 배출되는 온실가스의 70% 이상이 에너지 소비 과정에서 발생한다.

특히 우리나라의 경우 에너지 부문에서 배출하는 온실가스 비율이 87%로 상당히 높다. 따라서 청정에너지 구조로 에너지 부문을 전환하

3장 Net-Zero 2050 탄소중립

는 것이 탄소중립 실현의 핵심 중 하나이다.

김선교 / 한국과학기술기획평가원 부연구원

"우리가 에너지를 언제 사용하는지를 생각한다면 이동할 때, 생활할 때, 냉·난방할 때 등 모든 일상에서 사용하고 있습니다. 그리고 무언 가를 생산할 때 공장에서든 사무실에서도 에너지를 사용하고 있고 요. 그러므로 여러 가지 섹터들이 함께 연동되고 함께 변화해서 무 언가 어떤 새로운 생태계를 형성하는 그러한 변화에 놓여 있다고 보 시면 될 것 같습니다."

지구촌을 보호하고 자연 친화적인 삶을 추구하고자 진행되는 신[*]·재 생[**] 에너지의 이용 확대는 국제적인 흐름이다. 글로벌 기업들은 앞다퉈 ESG와 RE100을 주창하고 협력사들은 재생에너지 전력으로 제품을 생산할 걸 요구받고 있다.

한스 피터 피터스 / 과학저널 〈퍼블릭 언더스탠딩 오브사이언스〉 편집위원장

"우리는 이제 특히 에너지 사용과 연관된 온실가스 배출을 크게 감 소시키겠다는 목표 아래 사회의 전환을 이루어야 할 시기가 되었습

---

[*] 수소에너지, 연료전지, 석탄액화가스화 에너지 등

[**] 태양 에너지, 풍력, 수력, 해양 에너지, 지열 에너지, 바이오에너지, 폐기물 에너지, 수열 에너 지 등

거의 모든 것의 과학

니다. 기술적 관점에서 효율적이면서도 사회의 요구와 문화에 부합하는 혁신적인 솔루션을 만들어내는 일은 에너지 전문가들의 의무입니다.

기술 혁신을 이루는 것은 공학적 과업이지만 저탄소사회로의 사회적 전환이란 임무는 그 이상의 일입니다. 여기에는 학제적 관점 그리고 정책 입안과 산업, 도시 행정가, 건축가, 교통 설계자, 시민, 소비자 등 사회와의 긴밀한 상호 작용이 필요합니다."

국제재생에너지기구(IRENA)가 발표한 최근 통계를 보면 2020년 기준 전 세계 전력 발전량 대비 재생에너지 발전량 비율은 26$로 조사됐다. 한국의 재생에너지 발전량 비율은 6.4%로 전 세계 평균의 4분의 1 수준이다. 독일과 이탈리아, 영국이 40% 가까운 비율에 근접했고 중국

출처: 한국에너지공단 신·재생 에너지센터

3장 Net-Zero 2050 탄소중립

도 26.5%를 기록하고 있다.

프랑스와 미국, 일본의 재생에너지 발전량 비율 또한 20%에 근접해 있고 인도도 17%이다. 한국의 재생에너지 비율은 주요 선진국뿐만 아니라 중국과 인도 등 신흥국에 비해서도 크게 낮은 수준이다.

김선교 / 한국과학기술기획평가원 부연구원

"독일 같은 경우에는 재생에너지가 40%를 이미 넘어섰습니다. 또 미국이나 유럽의 일부 지역에서는 20%, 30%가 넘는 지역들이 나타나고 있어서 상당히 빠르게 가고 있다고 보시면 될 것 같습니다. 전 세계적으로 볼 때 화석 연료에서 발생하는 온실가스 비중이 대략 한 75% 정도 되는데, 우리나라 같은 경우에는 산업 비중이 높다 보니까 한 80% 정도 됩니다.

다시 말해 어떻게 보면 우리는 에너지를 전환한다는 것은 산업을 전환한다는 의미로 볼 수도 있습니다. 그렇기에 다른 국가들보다 더 도전과제의 크기가 더 크고 어렵다고 볼 수도 있을 것 같습니다."

🔅작지만 큰 우리의 발걸음

오랫동안 전 세계는 안정적인 에너지 확보를 위해 치열한 에너지 확보를 위해 치열한 쟁탈전을 벌여왔다. 그리고 우리도 에너지 패러다임 대전환 시대에 발맞춰 큰 발걸음을 내딛고 있다. 자연이 주는 깨끗하고

거의 모든 것의 과학

안전한 에너지를 얼마나 잘 관리하고 활용하는지도 매우 중요하다.

고도화된 전력 설비와 고효율 신·재생 발전설비의 연계개발을 통해 안정적인 전력 공급을 위한 연구에 몰두하고 있는 한국전력. '한국전력 전력연구원 고창전력시험센터'는 30만 평 규모의 부지를 갖추고 송전, 변전, 배전망 그리고 신·재생 에너지원을 종합적으로 시험할 수 있는 세계 최대 규모의 실증시험장이다.

김영균 / 한국전력 고창전력시험센터 부장

"여기는 한전의 전력연구원에서 전력 설비를 연구하는 곳입니다. 연구설비에 대해서 실제로 초고압을 발생시켜 실증하는 설비입니다. 총 31개 동의 실증시험장이 있고 그중에 송전, 변전, 배전 나머지 신·재생 등을 총망라하는 축구장으로 보면 104개 면적으로 돼 있습니다."

현재도 이곳에선 365일 24시간에 걸쳐 연속시험이 진행되고, 지속 가능한 내일을 준비하기 위한 친환경 신·재생 전력 연구도 끊임없이 이루어지고 있다.

태양광과 더불어 탄소 없는 사회를 이끌어 갈 또 하나의 신·재생 에너지원, 바로 '풍력발전'이다. 해상풍력은 육상풍력보다 소음이 작고 여러 구조물에 의해 바람의 양이 줄어드는 육상풍력과 달리 비교적 바람의 흐름이 안정적이라는 장점이 있다.

GWEC 세계풍력에너지협회에서 통계한 전 세계 해상풍력 누적 설치량은 2009년 1.8GW에서 2020년 기준 35.5GW로 10여 년 사이에 무려 19배나 늘어났다. 2040년에는 1,000조 원 이상 규모의 세계시장이 형성될 것으로 예측된다.

그렇다면 우리나라의 경우는 어떨까? 우리나라에 건설이 가능한 풍력 발전단지의 총발전 용량은 39GW로 이 중 약 60%인 22GW는 해상풍력이다. 원전 20기를 훌쩍 넘는 대규모 시설이라고 한다. 하지만 현재 국내 해상풍력 설치 용량은 142MW로 전 세계에서 차지하는 비율은 0.5% 이하로 매우 낮다.

우리나라는 '세계 5대 해상풍력 강국성장'이라는 새로운 목표가 있다. 현재 제주를 포함한 서남해 해역을 중심으로 43개 단지에서 약 9.6GW 용량의 해상풍력이 설치될 예정이다. 게다가 2030년에는 12GW급 해상풍력 단지 추진을 목표로 하고 있다. 이를 발판으로 국내 풍력산업의 해외 진출과 글로벌 경쟁력을 확보하고자 노력하고 있다.

신·재생 에너지 개발 연구는 미래 후손을 위한 노력이기도 하다. 그렇기에 투자를 통해 빠른 시간 내 안착시키는 게 중요하다. 한국전력은 그 중심축에서 더 값싸고 깨끗한 에너지를 활용할 수 있도록 노력하고 있다.

* 출처: 2018 신·재생 에너지백서, 산업통상자원부, 한국에너지공단

거의 모든 것의 과학

"새로운 신·재생 에너지원을 개발하는 데 다양한 인식 전환이 꼭 필요한 것은 사실입니다. 더불어 잘 구축된 기존 인프라에 관한 연구도 소홀히 하지 않아야 한다고 저는 판단합니다.

그래서 이 두 가지의 바퀴가 잘 맞물려서 돌아가야 새로운 신·재생에너지원이 성공적으로 안착할 거로 생각하고 있습니다. 이에 대해서 양쪽의 인재가 골고루 육성돼서 값싸고 깨끗한 전기들이 개발될수 있도록 고창전력센터가 열심히 노력하도록 하겠습니다."

🔋신·재생 에너지 기술 개발을 위해
노력하는 작지만 강한 기업들

탄소중립을 위한 에너지시스템의 세계적인 트렌드는 탈탄소화·분산화·디지털화이다. 화석 원료원에서 신·재생 에너지원으로, 중앙 집중형 에너지 공급에서 소규모 분산 자원 중심으로 변화하고 있다. 또한 AI, 빅데이터 등 디지털 기술을 활용해 에너지 수요와 공급의 효율을 개선하는 방향으로 기술과 산업이 발달하고 있다.

신·재생 에너지 기술 개발을 위해서 끊임없이 노력하는 작지만 강한 기업들이 있다. 첫 번째로 찾아간 곳은 2013년 실리콘밸리에서 창업한 '에너지 인공지능' 전문기업이다. 에너지는 생산하는 것만큼 저장하고 관리하는 것도 중요하다.

이들은 설립 초기부터 에너지 분야에 빅데이터 기술과 인공지능 기술을 적용하기 위한 연구·개발에 집중해 왔다. 그리고 에너지 수요관리부터 신·재생 자원관리 플랫폼까지 사업 범위를 넓히며 성장해왔다.

최종웅 / 에너지 인공지능 전문기업 대표

"에너지가 가장 중요한 것은, 사실은 수요와 공급이 균형을 맞춰야 합니다. 그래서 에너지 생산한 게 많이 남으면 버려야 되는 것이고, 에너지가 부족하면 정전이나 이런 사고가 발생합니다. 그래서 수요를 아주 정확하게 균형을 맞추는 게 굉장히 중요한데,

거의 모든 것의 과학

최근에 아시다시피 재생에너지가 늘어나면서 재생에너지는 규모
가 작고 많이 분산돼 있습니다. 옛날의 큰 대규모 발전자원들은 중
앙 집중식으로 돼 있어서 큰 발전소가 생산하는 것을 쉽게 예측할
수 있고, 미리 계획된 생산을 해왔는데 분산 전원은 이를 예측하기
가 너무 어렵습니다. 수십만, 수백만 개의 발전소가 흩어져 있기 때
문이죠.

그래서 인공지능으로 이것을 예측하고 분석해서 수요와 공급을 잘
맞추는 작업을 해야 해서, 그 기술은 인공지능으로 처리할 수밖에
없는 상황이라고 보시면 됩니다."

기업은 신·재생 에너지와 분산 전원을 통합 모니터링으로 예측하고
최적화하는 플랫폼을 운영 중이다.

김래균 / 에너지 인공지능 전문기업 응용연구팀 매니저

"한 달간 예측 정확도가 96.388%, 예측 오차로 따지면 3% 조금 넘
게 나온 걸 볼 수 있습니다. 그리고 이쪽 화면은 이번 달에 일별로

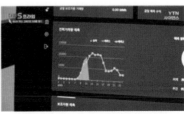

입찰을 어떻게 했고 오차가 어떻게 났는지를 정리해주는 그래프입
니다."

자원 그리고 다양한 제조사의 모델을 쉽게 연동할 수 있고, 전국 각
지에 분포되어 있는 여러 개의 발전소를 한 번에 통합 모니터링할 수
있다는 장점이 있다.

김래균 / 에너지 인공지능 전문기업 응용연구팀 매니저

"향후 국내 에너지산업은 단일생산 중심에서 통합거래 중심으로 전
환될 것입니다. 그때 있어서 가장 중요한 것이 발전 예측도 있겠지
만, 예측과 더불어서 신·재생 에너지의 간헐성을 보완해 줄 수 있는
유연성 자원의 운용 기술이 굉장히 중요합니다.
그래서 저희는 그런 발전 예측 기술에 더해서 ESS와 같은 유연성 자
원을 운용하는 기술을 개발함으로써 향후의 거래 수익을 극대화하
는 그런 기술을 개발하는 것을 목표로 삼고 있습니다."

신·재생 에너지로 인해 야기되는 계통의 불안정 문제를 해소해주는
혁신적인 에너지 관리 기술. 이러한 신기술이 만들어지고 제대로 관리
되기 위해서는 역시 전문 인력이 절대적으로 필요하고, 에너지 분야 인
재 양성은 중요한 숙제 중 하나이다.

거의 모든 것의 과학

"저희 기업 같은 경우는 전력 계통하고 전력 시스템 즉, 전력시장 그 다음에 인공지능을 복합적으로 융합된 인재가 필요합니다. 앞으로도 이런 인재들이 하나의 학문에 집중돼서 양성되면 상당히 큰 역할을 할 수가 없습니다.

그래서 모든 기술이 결합하는 단계 예를 들자면, 에너지도 전기와 수소 이런 것들이 결합하듯이 그런 것을 이해할 수 있는 융합적 인재들이 굉장히 중요한 시대가 되었습니다. 저희는 그중에서도 전력 시스템과 인공지능을 잘 이해할 수 있는 인재들을 추구하고 있습니다."

또 다른 신·재생 에너지 기술을 가진 기업을 찾아가 보자. 신·재생 에너지하면 빠질 수 없는 태양광 분야에도 과감한 도전정신을 가진 전문 인재가 필요하다. 이곳은 '플렉시블 CIGS 박막 태양전지'를 이용해 태양광 제품을 제조하는 신·재생 에너지 기업이다.

한국수력원자력, 에너지기술연구원과 함께 국내 최초로 가벼우면서도 유연함을 동시에 갖춘 'CIGS* 박막 태양광 모듈' 국산화 기술 개발에 성공했다. 딱딱한 보호 유리 안에 들어있는 태양 전지가 아닌 유연하게 구부릴 수도 있고 블라인드나 종이처럼 돌돌 말 수도 있다.

최용우 / 태양광 에너지 기업 대표

"에너지 전환 시대에 탄소중립 달성하기 위해서 태양광이 필수적입니다. 태양광은 주류를 이루고 있는 결정질 태양전지뿐만 아니라, 저희 플렉시블 CIGS 박막 태양전지처럼 새로운 형태의 유연하면서 가벼운 특성을 가지고 더 많은 곳에 설치할 수 있게 하는 그런 도전이 지금 필요하다고 생각합니다."

CIGS 박막 태양광 모듈은 기존 실리콘 태양광 모듈에 비해 발전효율은 약 15% 정도 낮지만, 가볍고 유연해 설치 가능한 곳이 획기적으로 많은 차세대 제품이다.

유연성을 갖는 태양광 기술은 일본과 유럽 등 태양광 모듈 선도 국가에서만 상용화가 이루어져 왔다. 국내에서 자체 모듈화 기술 개발에 성공한 것은 이번이 첫 사례이다.

---

* 구리, 인듐, 갈륨, 셀레늄으로 구성된 화합물 반도체 태양전지

거의 모든 것의 과학

최용우 / 태양광 에너지 기업 대표

"유연하게 되면 기존 결정질 태양전지로는 설치할 수 없는 지역에 도 저희 제품을 설치할 수 있기 때문에 더 많은 태양광 발전을 설치할 수 있게 됩니다. 그러면 더 많은 친환경 발전이 이뤄지니까 환경적인 측면에서도 더 도움이 된다고 봅니다."

기존의 결정질 태양전지보다 훨씬 가벼운 소재를 사용하고 공정 부분에서도 더 친환경적이다. 제조과정에서 전기는 절반 이하로, 물 소비도 5분의 1에서 8분의 1 정도로 적은 양을 사용하게 된다.

최호진 / 태양광 에너지 기업 선임연구원

"결정질 태양전지 같은 경우는 외부 충격에 취약해서 반드시 강화 유리를 써야 합니다. 그리고 측면에 무거운 알루미늄 프레임 같은 구조물을 설치하게 돼서 무게가 증가합니다. 반면 CIGS 박막 태양 전지는 전면에 수분 차단이 잘 되는 베리어 필름을 사용하고, 쉽게 잘 붙도록 후면에 접착 시트를 사용해 간단하게 설치할 수 있어서 상대적으로 더 친환경적인 것 같습니다."

이번 개발이 새로운 태양광 시장 개척과 신·재생 에너지 확대에도 기여할 것으로 기대하고 있다.

"우리나라는 에너지라는 게 전략적으로도 국가기간산업으로도 굉장히 중요한 분야입니다. 미국의 경우는 DOE라는 에너지부가 있어서 에너지에 대한 정책이나 전반적인 것을 컨트롤하고 있는데, 우리나라는 에너지가 산업의 일부분 정도로 인식되고 있습니다.

에너지라고 하면 하드웨어, 소프트웨어, 정책 등 모든 게 다 아우러지는 종합예술 같은 분야입니다. 이런 것들을 통찰력 있게 볼 수 있는 그런 인력 배출은 상당히 제한적이었다고 봅니다."

신·재생 엔지의 중요성. 전 세계가 주창하고 '탄소중립' 달성은 핵심 인재 양성 여부에 달려있다고 해도 과언이 아니다. 미래 에너지 확보와 기후 변화 대응을 선도할 인력의 육성이 그 어느 때보다 절실한 상황이다.

♨ 우리나라 에너지 융합인재를 양성하는, 한국에너지공대

세계 최초이자 국내 유일의 에너지 특화 연구·창업 중심 대학인 '한국에너지공과대학교'가 2022년 3월 2일 개교했다. 대한민국이 미래 에너지 강국으로 새롭게 도약할 발판이 될 것으로 기대되고 있다.

"한국에너지공과대학은 인류의 에너지 문제와 환경 및 기후 기술을 개발하기 위해서 「한국에너지공과대학교 특별법」(한전공대법)으로 만들어진 공공형 대학입니다. 저희가 이런 에너지 문제와 기후 환경 문제를 해결할 수 있는 글로벌 에너지 리더를 양성하는 기관으로써, 저희 학생들을 훌륭한 인재로 길러낼 것입니다. 아울러 우리 대학에서 핵심 기술들을 개발하여 전 세계를 선도하는 연구기관으로써도 자리매김하고자 합니다."

개교와 함께 첫 입학을 하게 된 학생들도 한국에너지공과대학교에 거는 기대가 크다. 이번에 대학원 입학을 준비하고 있는 정진주 학사 연구원을 만나봤다. 인류가 탄소중립을 이루기 위해서는 환경 기후 기술 발전이 필수조건이라 생각해 해당 분야의 연구를 계속해나갈 계획이라고 한다. 그녀는 석·박사 통합과정을 진행한 뒤 대한민국에 도움이 되는 에너지 분야의 유능한 인재가 되고 싶다는 꿈을 키우고 있다.

정진주 / 한국에너지공과대학교 학사연구원

"한국에너지공과대학의 경우에는 석사랑 석·박 통합과정 모두 자신의 연구주제를 자기가 찾아야 하는 부분이 있습니다. 그래서 제가 지금 어떤 주제로 연구해야 할지 아직 정하지 못했기 때문에, 관심 있는 논문과 실험실에서 하는 주제와 비슷한 최근 논문들을 읽어 가면서 제가 어떤 주제로 연구할지 정하고 있습니다."

학부에서 화학공학을 전공했다는 정진주 학사연구원은, 전 세계적으로 직면한 기후 위기의 심각성을 깨닫고 천연자원 신·재생 에너지의 활용방안을 연구하고 싶은 욕심이 있다고 한다.

정진주 / 한국에너지공과대학교 학사연구원

"저는 한국에너지공과대학교가 5개 분야에 대해서 융합적으로 배울 수 있다는 부분이 가장 매력적으로 느껴졌습니다. 그래서 제가 전공으로 하고 싶은 환경 기후 기술뿐만 아니라 다른 에너지, AI나 차세대 그리드 그다음에 에너지 신소재, 수소에너지 등 에너지와 관련된 전체 분야를 아우를 수 있는 에너지 인재가 되고 싶은 생각에 지원하게 됐습니다."

거의 모든 것의 과학

학교를 졸업한 학생들이 고려해볼 수 있는 진로도 다양하다. 진로의 범위를 확장하고 다양한 방식으로 디자인해 나갈 수 있도록 에너지 분야를 정통한 교수들이 멘토가 되어 학생들을 이끌어줄 예정이라고 한다. 그래서 정진주 학사연구원도 롤모델인 지도교수를 만나 앞으로의 계획을 상의하고 새 비전과 미래를 찾아가고 있다.

정진주 / 한국에너지공과대학교 학사연구원

"지금 지구가 위협으로 느끼는 요소를 오히려 저희가 자원으로 활용할 수 있는 방법은 어떤 것인가에 대해 생각해 보게 되었습니다. 그래서 탄소를 저희가 포집해서 오히려 전환해서 활용할 수 있는 연구를 진행한다든지, 아니면 저희에게 무궁무진하게 제공된 이런 천연자원 신·재생 에너지를 활용해서 지속 가능하게 발전할 수 있는 실현 가능한 연구를 진행하고 싶습니다."

멘토인 지도교수 또한 세계 에너지 문제를 해결하는 전문가로 성장할 수 있는 토대를 마련해주고자 계획 중이다. 정진주 학사연구원의 멘토인 오명환 교수의 전공도 환경 기후 기술이다.

오명환 교수는 에너지 인재를 키워내는 것이 자신의 중요한 사명이라고 생각하고, 본인의 경험을 토대로 더 발전된 지식과 기술, 선진문화까지도 전달하고 싶다고 한다.

"제가 대학교부터 대학원까지 과정을 거치고서 그다음 커리어로 진출했을 때, 그때 내가 그 과정에서 이러한 것들을 배웠으면 좋겠다는 것들이 있었습니다. 그걸 종합해 보자면 우리가 성장하는 데에 필요한 밑거름들이라고 볼 수 있습니다. 그래서 스스로 자기를 발전시킬 수 있는 방법들을 배웠으면 좋았겠다 싶습니다."

한국에너지공과대학교는 '올린공과대학교[*]'의 교육 방법을 벤치마킹했다. 미국의 올린공대는 작은 신생 대학이지만 공학교육의 변화를 주도하는 대학으로 손꼽히고 있다. 전공의 경계가 없고 여러 분야를 융합하는 방식으로 수업이 이뤄진다.

공학 분야에서의 탁월한 실무역량으로 유명 글로벌 기업들이 앞다퉈 인재를 채용하고 있을 뿐 아니라, 창업에 투자까지 성공적으로 유치한 졸업생 비율이 높다고 알려져 있다.

"올린 공대의 설립 목표는 두 가지라고 할 수 있습니다. 첫 번째는 학생들이 21세기에 당면한 과제를 해결할 '혁신적인 공학도'가 되도록 하는 것입니다. 두 번째는 두말할 것 없이 중요한 것으로 '공학교

[*] Olin College of Engineering 프랭클린더블유올린공과대학

거의 모든 것의 과학

육 발전'에 기여하는 것입니다. 이 목표를 위해 올린 공대는 학생들이 직접 커리큘럼을 짤 수 있도록 했습니다. 25년 전의 대학들의 교육 방식과는 매우 달랐을 겁니다. 물론 그저 다르게 만드는 것이 목적이 아니었고, 학생들이 더 복합적이고 차별화된 능력을 갖출 수 있도록 하기 위해서였습니다.

올린 공대가 다른 학교들과 가장 다른 부분은 바로 학교의 문화이고, 그 문화는 바로 학생들을 파트너이면서 공동교육설계자, 교수 또는 직원으로 대한다는 점입니다. 그러면 저는 교수로서 모든 답을 알고 있을 필요도 없고 모든 것을 알아야 하는 것도 아니며 심지어 틀릴 수도 있는 것입니다. 학생들 또한 지식을 습득하도록 하는 것이 교수의 임무가 아니라는 것을 배우게 됩니다. 이렇게 배우고 현실에서 놀라운 일을 해낼 수 있는 전문인이 될 수 있는지를 배우게 되는 것입니다."

또한 '미네르바 온라인 교육'을 도입해 교수와 학생에게 능동적 학습환경을 제공할 예정이라고 한다. 2014년 미국에서 설립된 미네르바 스쿨은 가장 입학하기 힘든 대학이라는 명성과 함께 캠퍼스 없는 대학으로 유명하다. 학생들은 100% 온라인으로 수업을 진행하고 언제 어디서나 수업에 참여할 수 있다.

지식 전달 위주의 강의식 수업이 아닌 실시간 화상회의 시스템을 이용해 토론식 수업을 진행한다. 미네르바 스쿨에서 운영하고 있는 학습

콘텐츠와 학습플랫폼을 도입했다.

윤의준 / 한국에너지공과대학교 총장

"학생들이 수동적으로 교육받는 게 아니라 학생 주도적으로 학습하는, 교육의 주체가 되는 시스템입니다. 이런 교육 시스템에서 교수들은 학생들의 학습역량을 함양하는 것을 도와주는 조력자입니다. 모든 교과목의 학생들이 지식을 단순히 배우는 게 아니라 그 지식을 적용해서 자기의 역량을 높이는 식으로 구성돼 있습니다."

미네르바 온라인 교육 화면

그들은 변화의 시작점에 서 있다. 아직은 부족한 에너지 관련 기술과 더 많은 인재를 양성하기 위해 더 멀리 보고, 계획을 차근히 실행해가고 있다. 현재까지 핵심시설 건설이 완료됐고 2025년까지 축구장 48

개 면적의 부지에 연구동과 강의동, 도서관, 기숙사 등이 추가로 건설
될 계획이다.

에너지버스 프로젝트를 통한 예비 학습

지난 2022년 2월 28일, 긴장되고 설레는 신입생들의 오리엔테이션
현장을 찾았다. 가슴 속 다양한 꿈을 품은 청년들이 한곳에 모였다. 첫
만남부터 이색적이다. 삼삼오오 모여 블록 게임을 하고 있다. 이것은
'에너지버스 프로젝트*'란 프로그램으로 예비수업을 시작한 것이다.

---

* 공학 분야 초창기 기술로 시작해 고도화 융합을 거쳐 현재 어떻게 기술이 운용되는지에 대
해 알아보는 프로그램

"지금 학생들이 하는 건 '에너지버스 프로젝트'라고 하는 게임입니다. 학생들이 학교에 입학해서 공부해야 할 것들과 배우는 기술들이 굉장히 어렵습니다. 그 기술들에 대해서 좀 친숙하게 알아갈 수 있고, 기술들이 다 똑같은 기술이 아니라 어떤 기술은 선행기술을 배워야만 이해할 수 있는 것들도 있습니다.

그런 관계 속에서 우리가 앞으로 배워갈 수 있는 여러 가지 지식이 어떻게 서로 연결되어 있는지를 이해할 수 있습니다. 또 이 프로그램 자체를 저희가 학생들이 그룹을 이루어서 하는 게임으로 기획했는데, 그 과정에서 자연스럽게 팀워크도 생기고 서로 친밀감도 형성할 수 있도록 기획했습니다."

학생들은 게임을 통해 앞으로 배워야 할 기술에 대해 미리 이해할 수 있다. 학생들의 흥미를 돋우며 활동적으로 참여할 수 있는 방법을 연구한 끝에 기획한 프로그램이다.

김기현 / 한국에너지공과대학교 학생

"솔직히 에너지라고 하면 막연하게 '어렵다'라고 생각할 수 있잖아요. 그런데 그런 것도 이런 프로그램을 경험해 보니까 신선하게 다가오는 것 같습니다."

"게임을 할 때 어떻게 배치할 건지 효율적인 배치를 고려해봐야 하잖아요. 그런 걸 고민해보는 게 앞으로 저희가 에너지를 개발하는 사람이 되어 도시를 설계할 때 이 게임을 생각해서 도입한다면 도움이 될 것 같습니다."

에너지 인공지능, 에너지 신소재, 수소 에너지, 차세대 그리드, 환경 기후 기술 등 5대 유망분야를 중심으로 연구하고 다른 대학과도 적극적으로 협력할 계획이라는 한국에너지공과대학. 학생들은 게임을 통해 해당 분야를 재미있고 쉽게 배워간다.

"현재 변화하는 글로벌 에너지 패러다임 즉, 탈탄소경제로 가는 이런 상황에서 굉장히 융합적이고 또 창의적인 기술 개발이 필요한데 기존의 교육 시스템으로는 극복하기가 굉장히 어렵습니다.
그래서 새로운 기술과 새로운 분야에 맞는 그러한 교육환경과 연구 환경이 필요하고 이것이 한국에너지공과대학교가 지향하는 바라고 말씀드릴 수가 있겠습니다."

또한 이들은 기존의 모델이 아닌, 새로운 대학으로 거듭나고자 교육과 연구·개발 전 과정에서 노력하고 있다. 한국에너지공과대학교는 정부와 지자체, 한국전력이 탄소중립 등 세계적 에너지 대전환기를 맞아 미래 에너지 연구를 선도하는 '글로벌 산학연 클러스터 대학'을 목표로 2017년부터 설립을 추진해왔다. 미래 혁신, 강소형, 글로벌, 연합형 대학을 지향하고 있다.

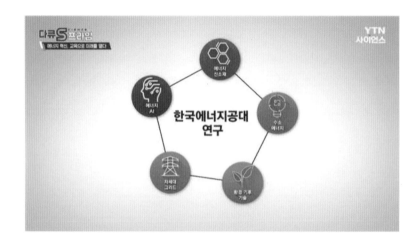

김법모 / 한국에너지공과대학교 박사연구원

"다른 일반적인 대학원 같은 경우는 연구할 수 있는 범위가 많이 제한적이었고, 또는 공동 연구할 수 있는 기회가 많이 없었다고 한다면, 여기서는 오픈 랩 시스템을 기반으로 다양한 장비들을 다양한 교수님들과 같이 의논하고 지도받으면서 연구할 수 있어서 훨씬 더 성장의 기회가 많지 않을까 생각합니다."

학생들은 전공선택 없이 에너지 중점 연구 분야 5개 가운데 원하는 전공 분야를 자유롭게 선택하고 설계할 수 있다.

이용건 / 한국에너지공과대학교 대학원생

"제가 소속된 에너지 AI와 환경 기후 기술 간의 연합으로, 앞으로 환경 기후 변화를 막을 수 있는 기술들을 계속 개발해 나갈 수 있을 것을 기대하고 있습니다."

김재훈 / 한국에너지공과대학교 대학원생

"우리나라도 탄소중립에 대비해서 환경 기후 위기에 많은 관심을 갖고 있는데, 한국에너지공대에서 추구하는 융합형 연구를 통해 앞으로 다양한 연구에 접목할 수 있는 기술들을 많이 연구하고 싶습니다."

그렇다면 왜 이곳에선 융합형 인재를 양성하려는 걸까? 성장하는 산업 속에서 개별 영역에 갇혀 있고 흩어져 있던 인재들이 융합인재가 되면, 새롭게 부상하는 여러 기술을 다양하게 활용해 에너지를 완전히 다른 산업 생태계로 만들어 나갈 수 있지 않을까 하는 기대를 하는 것이다.

오명환 / 한국에너지공과대학교 교수

"지금 기후 위기라고 하는 것이 '언제 갑자기' 크게 우리한테 지구의 재난으로 다가오느냐보다 그것이 '얼마나 빠르게' 다가오고 있느냐의 문제입니다. 그래서 그 빠르게 변해가는 또는 그것에 대응하기 위해서 우리가 빠르게 산업과 이 학계 모든 것을 전환해야 하는 시점에, 그 전환을 가장 효율적으로 할 수 있는 시스템이 필요해서 우리 학교 같은 시스템을 저희가 설계하고 설립하지 않았나 그렇게 생각됩니다."

대학은 글로벌 에너지 메가 클러스터를 조성해 연구와 기술사업화 성과를 창출해 나갈 계획이다. 공동캠퍼스, 공동연구소 및 기업부설연구소 유치, 글로벌 에너지 선도기업 유치에도 큰 역할을 하고, 이를 통해 나주빛가람에너지밸리, 광주솔라시티, 전남 풍력·조력을 연계해 나갈 계획이라고 한다.

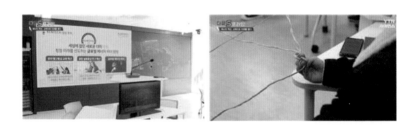

이곳의 수업방식은 전통적인 대학 강의실의 모습과는 사뭇 다르다. 강의실은 학생들이 옹기종기 모여 앉아 공부할 수 있을 뿐 아니라 프로젝트를 수행할 수 있는 형태의 강의실로 조성돼 있다. 커리큘럼 또한 창의적인 프로그램으로 구성되어 있다.

지금은 전력망 관련한 수업을 진행하고 있다. 네트워크가 무엇이고 네트워크 이론의 기원인 수학의 그래프 이론에 대해 설명하고 있다. 논문이나 그림으로 보여줄 수도 있지만, 와닿지 않고 어려운 이론이기에 소품을 이용해 쉽고 재미있게 이해시켜주고 있다. 이처럼 직접 경험하고 체험하면 지식은 살아서 우리의 것이 된다. 자유롭게 소통하고 궁금증은 곧바로 해소할 수 있는 수업을 만들어간다.

학교는 서당이 아니기에 편안하고 자연스럽길 바라고 있다. 또한 수업은 영어로 진행된다. 세계적 수준의 명망 있는 교수진과 토론하면서 국제 감각과 통찰력을 키우게 된다.

김희태 / 한국에너지공과대학교 교수

"우리 학교는 일단 기본적으로 모든 강의를 영어로 하고 있습니다. 배울 때는 조금 어려운데 실제로 공부해서 활용하게 될 것들은 전부 글로벌하게 사용하게 됩니다. 그 지식을 한글로만 배우는 게 아니라 영어로 처음부터 배우는 것이 훨씬 도움이 되고, 쉽지는 않겠지만 학생들도 점점 더 익숙해지고 그 과정에서 글로벌한 소통 능력도 늘어나기를 기대하고 있습니다."

학생들은 학과 간 칸막이가 없는 단일학부에서 학습 과정을 자유롭게 선택하며 혁신적인 공학교육을 받게 되는 것이다. 이곳에서 기초부터 차근히 배운 학생들은 추후 연구계로, 산업계로 흩어져 누군가는 새로운 정책을 만들 것이고, 또 누군가는 에너지 리더로서 혁신을 이룰 수 있을 것이다.

김선교 / 한국과학기술기획평가원 부연구위원

"에너지 기술 관련 인재의 중요성이라는 것은, 전 세계에서도 과거와 다르게 엄청나게 중요성이 커졌다고 볼 수 있습니다. 그러므로 성장하는 산업 속에서 새로운 기회를 찾아야 하고 각각 흩어져 있고 개별 영역에 갇혀 있던 에너지 영역에서의 인재들이, 이제는 융합인재가 돼서 여러 개의 산업을 바라봐야 합니다.

또 새롭게 부상하는 여러 기술을 기반 기술로 활용해서 에너지를 완전히 다른 산업 생태계로 만들어 나가는 시작점에 놓여 있다고 보시면 될 것 같습니다."

♨ 미래의 에너지 인재가 꿈꾸는 미래

에너지산업 기술 인력 실태조사 결과에 따르면, 2020년 기준 에너지산업에 종사하는 기술 인력은 약 30만 명 정도 된다. 이중 효율 향상 분야의 종사 인력이 약 44%로 가장 많고, 신·재생 분야는 15%를 차지하고 있다.

향후 10년간 23만 명가량의 에너지산업 기술 인력 수요가 창출될

거의 모든 것의 과학

전망이지만, 석·박사급 기술 인력이 수요 대비 부족할 것으로 전망되고 있다. 그렇기에 이들의 미래에 우리 사회가 거는 기대는 매우 크다.

박수빈 / 한국에너지공과대학교 학생

"우리는 한정된 자원을 가지고 미래사회를 살아가야 할 것이고, 모든 사람이 힘을 합쳐서 에너지를 어떻게 다루느냐가 저희의 숙제인 것 같습니다."

장 원 / 한국에너지공과대학교 학생

"당연히 환경 파괴를 덜 하는 환경을 더 유지하고, 우리 인간이 지구에서 계속 살아갈 수 있는 그런 방향으로 에너지의 활용이 더 돼야 하겠죠."

그리고 이미 그 길을 걷고 있는 선배들도 조언을 아끼지 않는다.

최종웅 / 에너지 인공지능 전문기업 대표

"지금 에너지 전환이 일어난다고 해서 과거의 시스템들이 당장 모두 다 바뀌는 것은 아닙니다. 그러므로 과거의 시스템들을 잘 이해하고 그다음에 그것을 바탕으로 무슨 문제점이 있는지 발견하고, 연구해서 새로운 시대에 준비된 교육들과 대비책을 구축할 수 있는 인재로 양성되기를 바랍니다."

"에너지 분야라는 것이 어떤 롤모델 같은 닮아야겠다는 선배 아니면 이런 모습이 정형화된 모습이 없다는 게 어찌 보면 굉장히 불안할 수 있습니다. 하지만 오히려 반대로 생각하면 굉장히 자유롭습니다. 내가 처음 가는 길이기 때문에 내가 만들어가는 이 길을 뒤에서 따라오게 된다는 그런 자부심, 책임감 그리고 성취감 이런 부분이 훨씬 더 클 수 있을 거로 봅니다."

지구가 몸살을 앓고 있다. 그리고 우린 우리에게 주어진 골든타임을 놓치면 안 된다. 탄소중립, 화석 연료 사용 중단, 탄소 국경세 도입까지 각 나라에서는 지구를 살리고자 청정 에너지원 발굴과 에너지 사용에 대한 태도 변화를 보이고 있다. 대표적인 예로 관련 산업과 기업을 육성하고 친환경 정책을 추진하고 있다.

"에너지 없이는 우리가 하루도 살 수 없는데, 불행스럽게도 현재 우리가 쓰고 있는 에너지의 한 80% 정도가 지구환경을 망가뜨리는 이른바 '온실가스'를 배출하는 에너지원들입니다. 그래서 온실가스를 배출하지 않고도 우리가 필요한 에너지를 쓸 수 있도록, 앞으로 청정에너지 시대 또 다른 말로는 '탈탄소 에너지 시대'로 가야 합니다. 그것이 쉬운 일이 아니지만 우리가 추구해야 할 바입니다."

세계는 어느 때보다 빠르게 변하고 있다. 지금은 신·재생 에너지로의 대전환 요구를 받아들여야 할 때다. 지구환경이 무너지기 전에 얼마 남지 않은 시간 동안 최선을 다해 연구하고 노력해야 한다. 더 나아가 에너지 혁명기를 주도할 우리의 미래를 기대한다.

전기차, 자동차 시장의
틈새를 공략하다

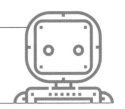

화석 연료의 사용으로 환경이 위협받는 21세기. 오늘날 우리가 이용하는 자동차는 무엇보다 환경보호를 우선시해야 하는 상황에 놓여 있다.

이에 우리는 1834년, 세상에 처음 등장한 이 자동차로 시선을 돌렸다. 화석 연료가 아닌 전기의 힘으로 도로를 달리는 친환경 이동 수단, 전기차. 전기차는 무공해차로서 수소전기차에 앞서 가장 먼저 보급되어 다양한 특수목적 자동차로 만들어지기 시작했다.

이제 도시 곳곳에서 어렵지 않게 찾아볼 수 있는 전기차는 단순한 탈 것이 아닌, 환경을 지키는 수단이자 현대인의 불편을 해소해주는 수단으로 진화하고 있다. 바쁜 현대인의 발이 되어주며 자신만의 영역을 구축해나가는 21세기형 전기차. 삶의 풍경을 바꿔 나가고 있는 이 이동수단에 주목해야 할 필요가 있을 것 같다.

🔋 전기차로 즐기는 오토캠핑

복잡한 도시를 벗어나 한적한 시골길을 달리는 한 사람. 오늘 특별한 일정이 예정돼 있다고 한다. 목적지는 경기도의 한 캠핑장! 일주일에 한두 번, 경치가 좋은 곳을 찾아 힐링하는 시간을 가진다는 방선우 씨는 익숙한 듯 챙겨온 짐을 하나둘 꺼내더니 카메라를 세팅한다. 그리고 자연스럽게 카메라 앞에 앉아 멘트를 하기 시작한다.

방선우 씨는 '오토캠핑'을 주제로 1인 방송을 진행하고 있다. 특히 주목할 점은 일반 내연기관 차량이 아닌 전기자동차로 즐기는 오토캠핑의 매력을 전한다는 것! 오늘은 비탈진 곳에서의 평탄화 팁을 전하며 전기자동차 오토캠핑을 시작했다.

"제가 전기차로 차박한 지는 3년 넘었습니다. 아무래도 전기차다 보니까 전기를 마음대로 쓸 수 있는 걸로 많이들 생각하시는데, 물론 전기는 다 쓸 수 있습니다. 차마다 다르죠. 실제로 나와 있는 국산 전기차 같은 경우에는 가정에서 쓰는 모든 전기제품을 다 쓰셔도 됩니다."

오토캠핑은 자동차를 타고 다니며 야영을 즐기는 캠핑의 하나로, 흔히 차에서 숙식을 해결해 '차박'이라 칭하기도 한다. 최근 코로나19로 인해 오토캠핑*을 즐기는 이들이 늘어나며 내연기관 차량의 단점을 보완해줄 수 있는 전기차가 주목받고 있다.

캠핑을 즐기는 이들이라면 알 것이다. 실내를 벗어나 전기를 활용하기란 쉽지 않다는 사실을 말이다. 하지만 전기차가 있다면 이야기는 조금 달라진다. 배터리에 저장된 전기를 동력으로 하는 전기차는 탈것이

---

* Auto Camping 텐트를 사용하지 않고 자동차 안에서 숙박을 해결하는 캠핑

되어줌과 동시에 전원 장치가 되어주기 때문이다. 시동을 켜지 않고 전기차 자체 배터리를 활용해 전기를 마음껏 사용할 수 있는 것은 물론, 인버터를 연결하면 220V의 전기제품을 사용할 수 있다.

방선우 씨의 경우 1박 2일 동안 캠핑할 때 사용하는 배터리의 양은 단 3%. 공조기를 켜면 배터리 소모량이 더 많아지지만, 에어컨 10시간 가동 시 배터리 소모량은 약 8~9%, 히터는 18%가량이 소모돼 안심하고 전기를 사용할 수 있다.

방선우 / 오토캠핑 콘텐츠 크리에이터

"배터리가 보통은 캠핑하기 위한 캠핑모드라든지, 유틸리티 모드라든지 전기차만의 기능이 있는데, 대부분 그런 기능들이 배터리 잔량이 20%가 남으면 자동으로 정지되게 돼 있습니다. 왜냐하면 필수적으로 이동해야 할 배터리가 필요하기 때문에 차 스스로 최소 20%이하부터는 차단하죠. 그래서 그 부분은 조금 안심하고 사용하셔도 되고, 사실 히터나 에어컨을 틀지 않으면 1박 2일 종일 차박을 해도 배터리 사용량이 한 3% 내외입니다."

캠핑에 맛있는 음식을 빼놓을 수 없는 일! 감성 캠핑을 추구하는 방선우 씨는 모닥불을 활용한 화로로 음식을 만든다. 부지런한 손놀림 끝에 먹음직스러운 음식이 완성되면, 식사를 하는 동안 적적함을 달래줄 빔프로젝트도 설치한다. 이처럼 다양한 전기제품을 편하게 사용할 수 있다는 것 외에 전기차 오토캠핑의 장점은 무궁무진하다고 하다.

방선우 / 오토캠핑 콘텐츠 크리에이터

"제가 전기차로 넘어와 차박을 하면서 너무 좋았던 건, 여름에도 집보다 더 걱정 없이 시원하게 에어컨을 틀고 안에서 편하게 잘 수 있다는 것, 겨울에도 마찬가지로 히터랑 전기장판을 틀면 정말 따뜻하게 잘 수 있다는 것입니다.

밖에 한파 특보가 내려서도 차박하는 데 전혀 문제가 없고, 공회전도 없고 또 주변 캠퍼분들과 불편함을 초래하지 않는 그런 편리함이 제가 지금까지 전기차를 타면서 가장 큰 장점 중 하나였습니다."

이제 잠자리에 들 시간. 건조하고 싸늘한 가을밤을 이겨내기 위해 가습기와 전기장판을 켜 따뜻한 잠자리를 만들어낸다. 히터를 틀기 위해 시동을 켜도 소음이나 진동이 없어 안락한 환경을 조성할 수 있음을 물론, 매연 배출이 없어 환경오염에 대한 염려 또한 없다는 전기자동차.

소음·진동·매연 배출이 없는 전기차

거의 모든 것의 과학

오토캠핑 문화를 환경친화적이고 더 편리하게 바꿔가듯, 우리 삶 속으로 들어온 전기자동차는 현대인의 삶을 바꿔 나가고 있다.

💡전기차 시장의 확대

전기자동차(Electric Car)란 고압 배터리에 저장된 전기로 모터를 회전시켜 구동하는 자동차를 말한다. 흔히 '자동차'라는 단어로 인해 '전기자동차'라고 하면 4륜 구동형 승용차를 떠올린다. 자동차란, 원동기의 힘으로 바퀴를 굴려 나가는 탈것을 총칭하는 말로 전기차 역시 4륜 구동형 장치에 한정되지 않는다.

최근 등장하고 있는 E-모빌리티(E-Mobility) 역시 '전기자동차' 범주에 속하는 이동 수단이다. E-모빌리티란 전기를 뜻하는 일렉트로닉(electronic)과 이동 수단인 모빌리티(mobility)가 합쳐진 말로, 1~2명 정도 적은 인원이 탑승하는 것이 특징이다.

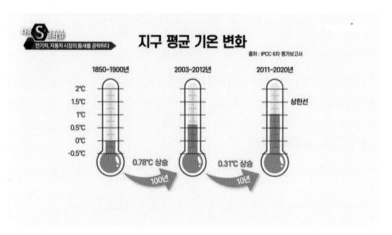

출처: IPCC 6차 평가보고서

이렇게 다양한 전기차가 세상에 등장한 이유는 기후 문제와 깊은 연관이 있다. 21세기를 살고 있는 우리는 지구온난화로 인한 각종 자연재해로부터 끊임없이 피해를 입고 있다. 기후 변화에 관한 정부 간 협의체(IPCC) 제6차 평가보고서 내용에 따르면, 지난 2021년 지구 평균온도는 산업화 이전과 비교해 1.09℃ 상승했다. 그 속도 역시 이전과 비교해 확연히 빨라졌음을 확인할 수 있다.

지구 평균온도 1℃ 상승은 우리의 생각보다 많은 피해를 불러온다. 현재 산업화 이전과 비교해 극한 고온 현상이 4.8배 늘어났으며 폭우와 가뭄도 잦아졌다. 이미 많은 빙하가 사라져 버렸고, 이로 인해 해수면이 상승하며 수몰 피해지역이 늘어나고 있다. 더 이상 간과할 수 없는 기후 위기. 이에 전 세계가 녹색 지구를 향한 움직임을 시작했다.

우리 정부는 '2050 탄소중립 정책'을 발표했다. 2050년까지 인위적으로 배출한 이산화탄소 등 온실가스를 줄이고, 남은 온실가스를 흡수해 배출되는 온실가스의 실질적인 양을 '0'으로 제한하겠다는 정부 정책이다. 이에 탄소 배출이 가장 많은 자동차부터 바꿔 나가기 시작했다.

화석 연료를 사용하는 내연기관차 대신 많은 이들이 탄소 배출이 거의 없는 전기차를 사용할 수 있도록 지원하고 있다. 그 결과 전기차 수요는 꾸준히 늘어 2021년 10월에는 전기차 누적 판매량이 약 20만 대를 돌파했다.

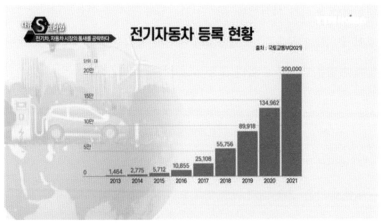

출처: 국토교통부(2021)

전기차 판매량 증가는 자동차 주행거리 증가와도 밀접한 관계가 있다. 전기차 주행거리를 결정짓는 핵심 부품은 배터리이다. 국내 한 기업에서는 한 번 완충으로 약 400km 정도 주행할 수 있는 전기차 배터리를 상용화하며 짧은 전기차 주행거리 문제를 해결했다.

꿈의 배터리라 불리는 전고체 배터리(Solid State Battery) 연구에도 속도가 붙었다. 전고체 배터리는 고체로 된 전해질을 사용하는 배터리로, 불이 잘 붙지 않는 성분들로 이루어져 있어 화재에 강하며 높은 에너지 밀도를 가져 1회 충전 시 주행거리가 900km 이상에 이른다고 알려져 있다. 전고체 배터리가 상용화되면 전기차 주행거리도 비약적으로 늘어 전기차 시장이 더욱 활성화될 것이다.

이처럼 국내 전기차 시장은 정부 지원과 아울러 관련 기술의 개발로 탄력이 붙기 시작했고, 다양한 전기차들이 등장하며 내연기관차의 틈새시장을 노리기 시작했다. 환경친화적임과 동시에 연료 가격 경쟁력에서 우위를 점하고 있는 전기차가 저만의 장점을 살려 현대인들의 생활에 편의를 더해주고 있다.

김필수 / 대림대학교 미래자동차학부 교수

"대한민국은 주택가와 도로변이 근접해 있습니다. 그 때문에 시내 도심지 같은 경우 대기 배출가스 오염 문제가 있어, 도심지의 공해와 미세먼지를 줄여주는 버스의 대체효과로 전기버스가 본격적으로 보급되고 있습니다.

특히 마이크로 모빌리티 같은 초소형 전기차는 2인승이라고 보시면 될 것 같습니다. 일반 등·하교용, 시장용, 관광지, 짧은 거리를 이용할 수 있는 근거리 무공해차라고 볼 수 있습니다. 이런 부분들은 시

거의 모든 것의 과학

골의 읍·면·동이나 관광지역 같은 특수한 지역에 앞으로 용도가 커

질 것으로 보고 있습니다."

🔋초소형 전기차

서울특별시 성산동에 있는 한 영상소스 전문업체를 찾았다. 수납장

앞에서 무엇인가 확인하고 있는 이들. 조금 더 자세히 살펴보니 카메라

점검에 한창이다. 전국 곳곳을 촬영하며 영상 데이터를 수집하는 이들

에게 카메라는 더없이 소중한 존재이다. 그리고 그 못지않게 중요한 것

이 있다고 한다.

주차장에 자리하고 있는 자그마한 차량이 바로 그것이다. 충전하는

것을 보아하니 전기차임이 확실하지만, 흔히 우리가 아는 차량과 그 모

습이 조금 다른 이 차는 '초소형 전기차'이다.

초소형 전기차란 기존의 승용차보다는 작고, 이륜차보다는 큰 규모

의 1~2인승 차량을 말한다. 근거리 이동에 최적화돼 있어 세컨드카 혹

은 공유 모빌리티에 적합한 차세대 친환경 이동 수단으로 주목받고 있다. 이들은 가정용 220V의 전원으로 손쉽게 충전이 가능하고 충전 비용 또한 저렴한 이 차량을 업무용으로 활용하고 있다.

김현준 / 영상아카이브 전문업체 대표이사

"스마트폰 충전하듯이 220V에 꽂고 어떤 곳에서도 충전이 가능한 게 큰 장점 중 하나입니다. 집에서 충전하거나 회사에서 일반 전기로 충전할 경우 한 번 충전할 때 10kW로 100km를 갈 수 있는데 보통 그 정도 충전 비용으로 600원~1,200원 정도 나옵니다."

차가 움직일 수 있도록 충전을 끝냈다면 본격적으로 업무를 시작하는 초소형 전기차. 이를 활용해 도시 곳곳을 영상으로 담아낸다. 초소형 전기차는 법령에 따라 최소 50km/h 이상의 속도로 달릴 수 있어야 한다. 일반 차량과 함께 도시를 누비기에 충분하다.

이 차는 좁은 길목에서 더욱 빛을 발한다고 한다. 주차된 차들로 인해 이동 공간확보가 쉽지 않은 골목. 하지만 크기가 작은 초소형 차는 좁은 공간도 무리 없이 지나가며 골목길 촬영을 손쉽게 수행한다.

이 조그마한 차가 아니었다면 직접 골목을 걸어 다니며 촬영해야 했을 터. 이렇게 공간에 구애받지 않고 자유롭게 움직일 수 있다는 것이 초소형 전기차가 가진 가장 큰 장점이다.

"주차할 때도 골목골목 주차 가능하다는 장점이 있고, 서울의 구도심 같은 경우나 전국 여기저기 도로가 다 잘 돼 있는 건 아니어서 일반적으로 차량 통행이 불가한 곳이 많습니다. 그런 곳을 쉽게 다닐 수 있어서 좋습니다.

예를 들어 서울의 을지로 같은 곳, 노가리 골목, 방산시장, 중부시장은 골목이 굉장히 좁잖아요. 잘못 들어가면 나오지 못할 수도 있고 업무를 중단해야 할 만큼 복잡한 곳이 많아서 그런 곳에서 초소형 전기차만큼 기동성이 확보되는 게 없습니다."

좁은 골목을 쉽게 지나가는 초소형 전기차

기동력이 필요하지만 승용차를 활용하기 어려운 분야에서 제 역할을 톡톡히 해내는 초소형 전기차. 그 활동 영역을 넓히기 위한 관련 기술

연구가 활성화된다면 시장의 규모 역시 더욱 확대될 것이다.

김필수 / 대림대학교 미래자동차학부 교수

"앞으로도 시장 개척 측면에서 미래 모빌리티 수단 중 일반 전기차 뿐만 아니라 용도가 더 커질 것이 '마이크로 모빌리티'라고 볼 수 있습니다. 자율주행 개념을 넣을 때 예를 들어, 고령자 같은 경우는 운전을 잘못했을 때 기기 조작이나 판단 능력을 자동차가 제어해서 미연의 사고를 방지할 수 있는 장치 등 이런 것에 대한 기대가 앞으로 상당히 커질 것 같습니다. 그래서 초소형 전기차 시장도 앞으로 무궁무진하고 우리 미래 먹거리뿐만 아니라 일자리 창출에도 크게 기여할 것으로 보고 있습니다."

국내에서 초소형 전기차 시장이 본격적으로 형성되기 시작한 건 지금으로부터 약 6년 전. 전라남도 영광군에 자리한 초소형 전기차 생산업체에서는 초소형 전기차를 설계·조립·생산하며 국내 초소형 전기차 시장에 활기를 불어넣고 있다. 주행 성능 향상과 안전한 차량 개발을 위해 힘을 모으고 있다.

홍순곤 / 초소형 전기차 생산업체 이사

"우리나라가 선진국 반열에 올라서면서부터 사람들의 인식도 바뀌고 또 실용성을 중시하는 사조들이 생기는 것으로 파악했습니다. 그

거의 모든 것의 과학

리고 기존 완성차 업계처럼 대규모의 투자가 필요하고, 대량생산 해야 하는 업계들이 들어오기 힘든 리치마켓을 '저희 같은 중소기업이 소량 다품종을 생산함으로써 소비자들에게 다양한 자동차를 공급할 수 있겠다'라는 판단을 했기 때문에 초소형 자동차라는 시장에 진입하게 됐습니다."

그렇다면 초소형 자동차는 어떻게 만들어질까? 차량 생산 과정을 살펴보자. 보물을 다루듯 무엇인가 조심스럽게 옮기는 이들이 시선을 사로잡는다. 사진에서 보이는 것은 전기차의 핵심, '배터리'라고 한다. 전기차 주행거리를 좌우하는 아주 중요한 부품이다. 보통 초소형 전기차의 배터리는 차량 아래쪽에 장착한다. 배터리 안전이 곧 탑승객의 안전으로 이어지는 만큼 심혈을 기울여 작업한다.

배터리 장착을 끝낸 차량을 '휠 얼라인먼트 점검' 과정을 거친다. 자동차 바퀴의 위치, 방향 등을 정렬해 차량의 직진성을 확보하기 위함이다. 점검 시 좌우 기울기 편차의 합이 0.2~0.5° 이내면 합격. 수많은 공정 과중 중 어느 하나 중요하지 않은 것이 없기에 꼼꼼히 점검을 진행한다.

초소형 전기차의 배터리와 휠 얼라인먼트 점검

"배터리 공정이 가장 중요하다고 얘기할 수 있습니다. 고압 케이블에 관련된 일이기 때문에 차량 구동에 문제가 있을 수 있어 위치와 체결에 정확하게 신경을 쓰는 편입니다. 또한, 차량 하부에 장착하고 있어서 정확한 토크를 조절하고 물 유입이나 충격에 방해되지 않도록 신경 쓰고 있습니다."

'안전 검사'도 필수다. 이곳에서는 차량 주행 시 사용하는 각 기능이 안전기준을 만족하는지 그 여부를 확인한다. 자동차가 실제로 도로를 달리듯 검사 장비 위에서 운행을 시작하면 각종 안전 검사가 시작된다. 우리가 잘 알고 있듯 자동차의 제동력, 가속력 등은 자동차 탑승객의 안전과 직결된다. 이렇게 시험을 통해 브레이크가 잘 작동하는지, 계기판에 나오는 속도와 실제 주행 속도에 차이가 없는지 등 여러 가지 검사를 수행해 초소형 자동차로서의 안정성을 확보한다.

실험 장비가 '경사각'을 더해감에 따라 함께 기울어지는 자동차. 비탈면 등 차량이 한쪽으로 기울어지는 상황을 잘 버텨낼 수 있는지 확인하는 것이다. 초소형 전기차 역시 일반 승용차 못지않게 다양한 검사를 통해 안전하게 생산되고 있음을 확인할 수 있다.

"초소형 전기차는 전축(앞바퀴 중심)과 프런트(범퍼) 사이에 구간이

짧아서 충격을 흡수하는 데 굉장히 애로사항이 많습니다. 그래서 한
정적인 공간 안에서 최대한 승객에게 충격이 덜 전달 되게끔 차체
기술에 많이 힘쓰고 있습니다."

안전 검사와 경사각 테스트

그 크기는 작지만 이동 수단의 기능을 톡톡히 해내는 초소형 전기차.
이렇게 '실제 도로를 주행'하며 작동 이상을 점검하고 이를 통과하면
비로소 시장에 그 모습을 드러낼 수 있다.

현재 초소형 전기차는 보조용 자동차뿐 아니라 배달용으로도 시장을
확대해 나가고 있다. 이륜차 대비 더 안전한 이 초소형 전기차는 배달
안정성을 향상시켜 사고 감소 효과를 내고 있다고 한다.

하지만 현재 법규상 차량의 설계나 이동에 제한이 있어 초소형 전기
차 시장은 생각보다 더딘 성장세를 보이고 있다. 안전 확보를 위한 꾸
준한 노력 그리고 시장 성장을 위한 법적 제도가 마련된다면 더 많은
곳에서 초소형 전기차와 마주할 수 있을 것이다.

"현행 법규에는 자동차 전용도로 그리고 대교로 진입할 수 없도록 하는 장벽이 있습니다. 그런 규제가 좀 풀려야 할 것 같고 공차중량(자동차 순수 무게)이 초소형 승용차의 경우 600kg 이하로 제한돼있습니다.

650kg으로 확대된다면 저희가 차에다가 50kg 더 무거운 배터리를 실을 수 있고 지금보다 2배 정도의 주행 거리가 확보할 수 있는 효과가 있을 수 있습니다.

그래서 이 초소형 전기차 시장이 활성화되기 위해서는, 정부에서 가지고 있는 규제 조치들이 조금씩 현실화된다면 더 많은 소비자에게 쉽게 다가갈 수 있을 것이라고 생각합니다."

🔋초소형 전기 화물차와 전기 저상버스

이번엔 강원도 횡성군에 자리한 또 다른 초소형 전기차 공장을 찾았다. 작업에 한창인 사람들 사이로 조금씩 모습을 드러내는 차체. 그 모양을 봐선 어떤 차량을 만드는지 쉽게 예측할 수 없다.

이곳에서는 크기는 작지만 화물차 역할을 톡톡히 해내는 초소형 전기 화물차 제작을 위해 힘을 쓰고 있다.

"초소형 전기 화물차를 생산하면서 처음에는 두 바퀴로 된 오토바이가 배달하는 문화를 저희가 '네 바퀴로 바꾸는 새로운 배달 문화를 만들어보자'라고 생각했습니다. 그렇게 하면서 오토바이에서 나오는 여러 가지 이산화탄소나 탄소중립에 저해되는 부분을 네 바퀴 달린 쪽으로, 친환경으로 개발해보자는 취지로 개발하게 됐습니다."

초소형 전기 화물차는 다양한 과정을 거쳐 제작된다. 가장 먼저 할 일은 자동차의 뼈대 '차체'를 만드는 일! 한 치의 오차도 없는 로봇팔 작업을 통해 차체가 서서히 모습을 드러낸다. 차체가 완성되면 도장작업을 진행한 후 본격적인 '조립'과정에 들어간다.

초소형 전기 화물차는 높이 186cm 폭 124cm로 기존의 화물차와 비교해 아주 작은 크기이다. 덕분에 택배 차량 같은 기존의 화물차가 들어갈 수 없었던 좁은 골목도 쉽게 들어갈 수 있으며, 슬라이딩 도어로 되어 있어 공간확보가 더욱 용이하다.

"일반 차량은 프런트 도어를 일반 도어로 사용하고 있습니다. 하지만 저희 같은 경우는 골목길 주행이나 배달에 주로 목적이 있는 차량이어서 슬라이딩 도어로 좁은 골목길에서도 문을 여닫는 데 불편함이 없도록 설치하고 있습니다.

일반 도어보다 슬라이딩 도어 육성 과정이 힘든 과정이 많은데, 저희는 그걸 과감하게 프론트 도어로 적용해서 일반 고객이 조금이라도 편할 수 있게 설계하고 처음으로 시도했습니다."

여러 사람의 손을 거치며 화물차 모양새를 갖춰가는 차량. 보통 한 대의 차를 조립하는 데 20분이 소요된다고 한다. 이 시간 동안 모터, 배터리 등 전기차의 핵심 부품들을 장착하는 만큼 심혈을 기울일 수밖에 없다고 한다.

초소형 전기 화물차에 들어가는 배터리

사진에 보이는 네모 팩은 전기차 배터리이다. 한 번 충전하면 약 100km 주행이 가능하다. 그 성능을 오래 유지하기 위해서 BMS(Battery Management System)라는 배터리 관리 시스템을 적용했다고 한다. 전기

　　　　　　　　　　　　　　거의 모든 것의 과학

차 배터리의 전압, 전류, 온도를 실시간으로 모니터링하며 과도한 충전과 방전을 사전에 차단해 배터리 수명과 효율성을 노일 수 있다.

이용헌 / 초소형 전기 화물차 기술연구소 소장

"초소형은 제약 조건이 많습니다. 차량 중량은 750kg 이하, 최고 속도 시속 80km 이하, 모터 출력 15kW 이하로 제한하는 등 여러 제약 조건을 부여하다 보니, 저희가 성능이나 여러 가지 안전장치를 적용할 수가 없습니다. 차량 무게도 문제가 되고요.

그렇게 나온 게 초소형입니다. 그런데 저희는 거기에 ABS(특수목적 브레이크)나 에어백, 편의장치들을 추가한 게 저희 차의 장점이 되겠습니다."

이들이 안전한 초소형 전기 화물차를 만들기 위한 다양한 방법을 연구하고 있는 연구소로 자리를 옮겨보자. 초소형 전기 화물차는 750kg 이하로 제작되어야 하는데, 작고 가벼운 외형 때문에 안전에 대한 우려의 목소리가 높다. 이들은 컴퓨터 엔지니어링을 통해 전기차를 설계하며 안전성을 확보하고 있다.

덕분에 시제품을 만들지 않고 컴퓨터를 통해 차량의 안전성을 테스트할 수 있으며 비용과 개발 기간도 줄일 수 있다고 한다. 이렇게 생산된 초소형 전기 화물차는 안전성과 기동력을 기반으로 우리의 일상에서 다양한 역할을 해낼 수 있다고 한다.

윤태화 / 초소형 전기 화물차 업체 부사장

"마트나 슈퍼 등 고객에게 배달하는 라스트 마일(배달의 최종구간) 시장으로서의 근거리 배달용 활용 목적이 있습니다. 또 하나 바람으로는 어떤 골목길에 화재가 발생했을 때 일반 소방차가 진입하지 못할 경우도 있습니다. 그런 분야에 활용해서 진입했으면 하는 바람이 있는데, 현재로는 관련 법규가 제한되고 있어서 그러지 못하고 있습니다.

조만간 관련 법규가 개정돼서 저희 초소형 전기 화물차가 특장차 용도에 맞춰서 새로운 유틸리티용으로 개발되어, 화재 진압용이나 골목길, 시장 배달용으로 많이 활용되었으면 하는 바람입니다."

이곳에서는 초소형 전기 화물차뿐 아니라 또 다른 전기차도 생산하고 있다. 바로 '전기 저상버스'이다. 특히 이 버스는 계단을 오르기 힘

거의 모든 것의 과학

든 노약자들을 위해 버스를 7~8cm 정도 보도 쪽으로 기울여 탑승을 돕는 '닐링 시스템(kneeling system)'이 적용돼 있나 하면, 산길이 많은 도로에서도 잘 달릴 수 있도록 강력한 모터를 장착했다. 이런 강점을 바탕으로 실제 강원도 마을을 누비고 있다.

이용헌 / 초소형 전기 화물차 기술연구소 소장

"마을버스에 특화되었던 이유가 도심은 4~8차선이 있지만 그보다 좁은 골목 2차선 도로에서는 보통 버스가 폭이 12m입니다. 그런데 폭 8.5m 버스라면 우리나라 대부분 지방도로에서 마을버스를 운행할 수 있다는 기술적인 부분들입니다. 그래서 저희가 마을버스에 특화해서 개발해 도입한 것들입니다."

닐링 시스템이 적용된 전기 저상버스

마을버스로 활용하기에 최적화된 전기 저상버스. 버스 기사 경력만 30년이라는 현직 버스 운전사들은 처음엔 버튼을 눌러 운전하는 전기 저상버스 시스템이 낯설기도 했지만, 버스 조작이 익숙해진 지금 조작이 편리하며 조용하고 진동이 없는 전기차에 만족하며 버스를 운행하고 있다.

전기 저상버스의 장점은 이뿐만 아니다. 동네 안까지 들어가 민가 근처에서 주행하는 마을버스의 특성상 내연기관차는 주민들에게 매연·미세먼지 등의 피해를 미친다. 그러나 친환경 전기 저상버스는 그런 걱정으로부터 자유롭다.

전기 저상버스는 이러한 장점을 인정받아 여러 도시에서 시민의 발이 되어주고 있다. 대중교통 분야로 들어온 전기차는 우리를 더 깨끗한 미래로 데려다줄 것이다.

윤태화 / 초소형 전기 화물차 업체 부사장

"친환경 버스는 평균 1kW를 충전한다면 200원 미만의 전기료가 소요되기 때문에 그 외에는 차량 운영비에서도 지속적으로 드는 비용이 없습니다. 240km를 운행한다는 가정하에 약 40~70%까지 연료 비용 절감 효과를 낼 수 있습니다."

거의 모든 것의 과학

🔋친환경 E-모빌리티를 연구·개발하는 사람들

한적한 도로를 누비고 있는 한 차량이 있다. 이는 한국과학기술원 (KAIST) 친환경스마트자동차연구센터에서 개발한 화물차다. 겉으로 보기엔 일반 화물차량과 다름없는 모습이지만 이 차량은 조금 특별한 기능을 가졌다. 바로 내연기관차에 시스템을 도입한 '하이브리드*' 차량이기 때문이다.

기존의 택배 차량은 노후화된 디젤 차량이 주를 이루고 있어 온실가스 배출 주범으로 손꼽혔다. 빈번한 정차와 감속으로 인한 연비 효율 문제도 존재했다. 연구진은 더 이상 미룰 수 없는 온실가스 문제와 택배차 연비 효율 문제 해결을 위해 하이브리드 택배 차량을 개발했다.

기존 내연기관차에 전기차의 핵심 부품을 배치해 내연기관 시스템 그리고 전기차 시스템으로 주행할 수 있도록 하는 것이다. 연비 효율을

---

* Hybrid Vehicle 내연기관과 전기모터 두 가지 기동계를 장착해 연비 효율과 미세먼지를 절감하는 친환경 자동차

높여주는 회생제동 시스템* 그리고 전기차와 내연기관차 혼용 모드를 접목해 연료 효율이 30% 이상 높아지고, 미세먼지와 온실가스 배출은 각각 20%가량 줄일 수 있다고 한다.

장인권 / KAIST 조천식녹색교통대학원 교수

"완성차로서의 친환경 차량을 만든 것이 아니라 기존 순수 내연기관차를 친환경 하이브리드로 개조한 것이 특징입니다. 엔진과 트랜스미션 사이를 조금 이격하고 사이에 굉장히 얇은 모터를 삽입하게 됩니다.

그렇게 되면 전기 모터를 돌리기 위한 장치가 필요한데 배터리라든지 인버터, 컨버터, 전력전자에 관련된 모듈을 넣어 하이브리드 파워트레인 개조를 구성하게 됩니다. 개별적인 제어를 상위단에서 할 수 있는 통합 제어기에 들어갈 수 있는 통합 알고리즘을 저희가 개발했습니다."

이들은 하이브리드 화물트럭뿐 아니라 다양한 종류의 친환경 차량을 개발하기 위해 노력하고 있다. 친환경 하이브리드 차량은 내연기관차 시대와 전기차 시대를 이어주는 징검다리 역할을 해낼 수 있는 만큼, 관련 기술을 연구하는 것이 중요하다고 한다.

* Regenerative braking system 제동을 걸 때 발생하는 운동에너지를 전기로 회수해서 배터리에 저장해 활용하는 시스템

거의 모든 것의 과학

"일반적인 차량의 경우에는 사용 목적이 있습니다. 어떤 목적이 특수성과 특수한 패턴을 가지고 있다면, 그 운행 환경에 가장 최적화된 사양 선정, 전기차에 필요한 전기 모터라든지 배터리 아니면 전력전자 시스템 구성이 있습니다. 그런 최적의 구성을 저희가 찾아야 하는 게 있고, 실사용자들이 원하는 성능을 극대화하는 게 중요하다고 할 수 있습니다."

이들은 전기차를 기반으로 한 미래형 이동 수단도 개발하고 있다. 한 자동차 안에서 의견을 나누는 연구진. 이 차량은 자율주행 시스템 기반의 셔틀버스이다. 자율주행차에 필요한 요소들을 직접 제작하며 다양한 종류의 자율주행 전기차를 개발하기 위해 힘을 모으고 있다.

연구진이 연구·개발 중인 자율주행 셔틀

"처음에 저희가 시도했던 게 나와 있는 상용차를 개조해서 자율주행기능을 넣게 된 식으로 개발했습니다. 저희가 개발한 알고리즘을 제대로 구현하기 위해서는 차량의 모든 요소를 제어할 수 있어야겠단 판단이 들었습니다.

그래서 자율주행 셔틀과 같이 구동 플랫폼부터 자율주행 플랫폼까지 모두 직접 개발한 차량을 완성해서, 저희가 모든 요소의 제어권을 가지고 개발한 알고리즘을 탑재하는 식으로 연구·개발하고 있습니다."

이제 실제 자율주행 전기차를 만나볼까? 자율주행차란 스스로 주변 사물을 인식하고 상황을 판단하며 주행하는 자동차로, 카메라와 라이다, GSP 등으로 이루어져 있다.

연구진이 자율주행 전기차에 주목하는 이유가 있다. 바로 친환경으로 인한 전기차 시장의 확대와 아울러 전기차가 가진 다양한 장점이 자율주행차와 잘 어우러지기 때문이다.

먼저 전기차는 전기 신호에 빠르게 응답해 움직이는 전기 모터가 탑재돼 있어 차량 제어에 유리하다. 또 부품 수가 적어 고장 진단이 쉽고 유지·보수에 용이하다.

연구진은 이런 전기차의 장점을 기반으로 자율주행 시스템을 개발하며 자율주행차의 정확성과 안정성을 높여가고 있다. 이를 통해 전기차 또한 한층 진화될 것이다.

최경환 / KAIST 친환경스마트자동차연구센터 박사

"전기 모빌리티 관련 기술도 탑재할 수 있고 자율주행 관련 기술, 자율주행 차량을 실제로 교통환경에서 운행하기 위한 경로 계획이나 다른 차량과의 통신, 전체 차량 시스템을 관리하기 위한 관제시스템 기술을 포함해서 개발하는 것을 목표로 나아가고 있습니다."

🔅첨단 기술을 입은 전동킥보드의 진화

서울 도심의 어느 한 골목, 전동킥보드*를 타고 유유히 이동하는 한 사람. 익숙한 듯 전동킥보드를 타고 어디론가 향하는 이 사람은 단순히 이동을 위해 전동킥보드를 타는 것이 아니라고 한다.

최근 '퍼스널 모빌리티**'로 주목받고 있는 전동킥보드를 더 안전하고 효율적으로 활용할 수 있도록 주행 장소를 녹화하고 기기를 점검하는 것이다.

이인표 / 전동킥보드 개발업체 성장전략본부장

"퍼스널 모빌리티는 동력장치를 기반으로 한 개인형 이동 수단 전반을 의미합니다. 이동 수단을 활용한 여러 가지 모빌리티 서비스가 퍼스널 모빌리티 산업이라고 보시면 될 것 같습니다. 최근에는 시민들의 이동 패턴이나 생활 양상들이 상당히 다양해지고 세밀화되고 있습니다.

그런데 기존의 대중교통은 그런 세밀화된 패턴들을 모두 다 반영하기에는 한계가 존재합니다. 퍼스널 모빌리티 산업과 서비스들이 그런 세밀한 이동을 커버해주면서 상당히 각광받고 있다고 볼 수 있습니다."

---

*   Electric Scooter 전기모터가 달린 킥보드로 1인용의 이동 수단

**   Personal Mobility 전기를 동력으로 하며 크기가 작고 사용하기 편한 1인용 이동 수단

거의 모든 것의 과학

전동킥보드란 모터가 달린 킥보드로 차를 타기엔 가깝고 걷기엔 먼 거리일 때 개인형 이동 수단으로 활용한다. 최근 공유 경제 서비스 영역으로 들어온 전동킥보드는 많은 이들의 편리한 이동을 돕고 있다. 전동킥보드의 가장 큰 장점은 전기라는 동력을 빌려 큰 힘을 들이지 않고도 쉽고 빠르게 목적지로 이동할 수 있다는 것이다.

이들은 전동킥보드 이용 시 발생할 수 있는 불편함 해소는 물론, 안전에 중점을 두고 전동킥보드를 개발하고 있다. 더 나아가 이 차세대 이동 수단을 더욱 편리하게 활용할 수 있도록 공유 전동킥보드 서비스 제공을 위해 아이디어를 모으고 있다.

공유 전동킥보드는 어플을 활용해 내 근처에 있는 전동킥보드를 대여하고, 목적지에 도착한 후 주차해놓은 곳을 알려 다른 사람이 탈 수 있도록 하는 것이다. 그 때문에 정확한 주차지역 정보를 알려주는 것은 필수다.

이들은 인공지능으로 전동킥보드 카메라 영상을 분석해 정확한 주차 위치를 찾을 수 있도록 하는 시각 위치 확인 기술인 VPS(Visual Positioning System) 서비스를 준비하고 있다.

이후 인공지능이 분석한 위치 정보는 애플리케이션을 통해 제공된다. 실제 주행한 장소 주변에 있는 사물이나 도로를 인식해 분석한 만큼, GPS보다 더 높은 정확도를 자랑해 이용자들이 더 쉽고 정확하게 전동킥보드 주차지역을 찾을 수 있다고 한다.

VPS기술로 GPS보다 더 정확한 킥보드 위치 파악

송상현 / 전동킥보드 개발업체 소프트웨어개발 매니저

"기존의 GPS는 고층빌딩이 많은 곳에서는 정확성이 떨어지기 때문에 실제로 앱에서 킥보드의 위치를 찾았다고 해도, 제대로 된 위치를 찾기 힘든 경우가 많았습니다. 그래서 GPS를 보장할 수 있는 다른 여러 기술을 찾고 있는데, 그중 하나가 VPS입니다.

VPS가 제대로 서비스된다면 사용자들이나 킥보드를 수거하고 관리하는 분들이 킥보드를 좀 더 빨리 찾을 수 있는 그런 서비스가 될 것으로 생각합니다."

전동킥보드 역시 사람이 탑승하는 이동 수단인 만큼, 탑승자의 안전과 승차감 그리고 편의성이 확보되어야 한다. 설계는 이 모든 숙제를 동시에 해결해 줄 수 있는 단계이다. 전동킥보드의 외형 설계 시 디자인과 소재 선택을 통해 탑승자의 충격을 줄여 승차감을 개선할 수 있다. 시스템 설계를 통해 안정적이고 안전한 운행을 보장할 수도 있다. 꼼꼼한 회로 설계로 전자장치의 오류를 최소화하는 것이다.

최기영 / 전동킥보드 개발업체 하드웨어개발 팀장

"가장 중점을 두는 곳은 아무래도 사용자들의 편재성과 안전성을 가장 큰 기본으로 두고 있습니다. 현재로서 가장 큰 부분은 충격으로 인한 브레이크 작동이나 사용자들의 안전성에 가장 큰 중점을 두고 있습니다.

승차 부분에 대해서는 가장 큰 부분이 타이어, 앞쪽 완충장치 부분들인데, 그 부분을 딱딱한 재질이 아닌 부드러운 재질로 바꾸고 폭을 더 넓혀 타이어 부분의 인치를 늘려서 승차감을 훨씬 더 편하게 할 수 있는 방향으로 가고 있습니다."

과거 단순히 즐길 거리에 지나지 않았던 킥보드의 변신. 이 모습이 우리에게 그리 낯설게 느껴지지 않는 건, E-모빌리티가 우리 일상에 깊숙이 들어왔음을 의미한다. 하지만 첨단 기술을 입은 전동킥보드의 진화는 관련 법률의 부재로 예상치 못한 문제를 유발하기도 했다.

이에 원동기 면허 이상을 소지한 사람만 개인형 이동장치를 운전할 수 있도록 하는가 하면, 안전모를 착용하지 않거나 승차 인원을 초과하면 범칙금을 부과하는 등 개인형 이동장치 운전자 주의의무에 대한 이행력을 강화했다. 새로운 이동 수단으로서 전동킥보드가 해결해야 할 숙제가 존재함을 확인할 수 있었다.

김필수 / 대림대학교 미래자동차학부 교수

"전동킥보드는 미래의 이동 수단 중에서 새로 등장한 이동 수단입
니다. 그러면 이에 걸맞은 새로운 그릇을 만들어야 한다는 것이죠.
일명 'PM 총괄 관리 규정'을 만들어서 도로교통법 뒤에 한 조항을
별도로 만들어야 하는데, 전동자전거에 편입하다 보니까 일선에서
는 혼동을 일으키고 시장이 죽어가는 문제가 생긴다는 것이죠.
그러니까 이런 부분들은 두 마리 토끼를 잡아야 합니다. 안전을 도
모하면서 미래의 모리빌티 수단으로 산업을 키워서 먹거리는 물론,
일자리 창출에 기여해야 하는데 큰 그림을 볼 수 있는 전향적인 생
각이나 규제를 풀 수 있는 본격적인 방법이 나와야 한다고 보고 있
습니다."

조금 더 체계적인 법률을 갖춰가며 시장 성장을 꾀하고 있는 전동킥
보드. 대중화 앞에 놓인 숙제를 하나씩 해결해 나간다면 새로운 모빌리
티 시대가 열릴 것이다. 분명한 건, 전동킥보드는 자동차를 대신해 현
대인의 기동력을 높여줄 수 있다는 것. 앞으로 탑승자와 보행자의 안전
을 도모하며 차세대 이동 수단으로서의 신뢰성을 확보해 나간다면, 개
인 이동 수단을 넘어 더 큰 가치를 지닌 E-모빌리티를 만나볼 수 있을
것이다.

거의 모든 것의 과학

이인표 / 전동킥보드 개발업체 성장전략본부장

"국가에서 운영하는 국가정책사업들이 있습니다. 도시의 문제를 해결하기 위한 어떤 종합적인 솔루션 사업이라고 보시면 될 것 같고요. 그중 저희는 퍼스널 모빌리티 기반으로 한 모빌리티 솔루션을 제공하는 데 노력하고 있습니다. 전동기반의 E-모빌리티 시장에서의 보완제로서 그리고 두 가지 주요한 기둥으로서 같이 작동하고 성장할 것이란 믿음을 갖고 있습니다."

김필수 / 대림대학교 미래자동차학부 교수

"일반적으로 전기차의 보급 활성화를 위해서 실과 바늘 관계인 충전 인프라를 어떻게 구축하는지 가장 중요합니다. 즉, 한국형 선진문화가 중요하다는 것입니다. 이제는 양적 팽창도 중요하지만, 질적 관리에 대한 것들을 집중적으로 일선에서 가려운 곳을 긁어주는 효과가 필요하다고 보고 있습니다."

탄소중립시대에 새로운 트렌드가 된 전기차. 기존 자동차 시장의 틈새를 공략하며 더 큰 성장을 이뤄가고 있다. 변화의 바람이 불고 있는 세상의 중심에서, 도시를 누비를 전기차가 더욱 다양해질수록 우리는 더 편리하고 더 깨끗한 미래에 한 걸음 더 가까워질 것이다.

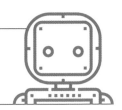

탄소중립,
지구의 마지막 1℃

지구가 점점 뜨거워지고 있다. 18세기에 시작된 산업혁명 이후 인류는 대기에 엄청난 온실가스를 배출해 왔고 그 결과 지구의 평균기온이 지난 100년간 1℃ 상승했다.

어떤 의미에선 '1도'가 크게 와닿지 않을 수 있지만 과거, 지구의 온도가 단 1~2도 낮아졌을 때 소빙하기가 찾아왔다는 걸 보면 지구의 '1도'는 멸종과도 직결될 수 있는 문제이다.

뜨거워진 지구는 전에 없던 폭염, 가뭄, 태풍, 해수면 상승 등 극단적인 기상현상과 자연재해를 통해 인류에게 경고하고 있다. 우리의 손으로 만들어가고 있는 비극 그리고 그 결말.

환경 문제를 넘어 사회적 경제적 위기로 확장될 수 있는 이 엄청난 숙제 앞에 우리는 더 이상 미룰 수도 피할 수도 없다.

🔥기후 위기 대응을 위한 세계는 지금…

2019년 어느 금요일, 전 세계 90여 개국 청소년들이 기후 위기 대응을 촉구하며 등교를 거부하고 거리로 나왔다. 동시다발적으로 전 세계 청소년들이 거리로 나온 이 시위는 2018년 스웨덴의 10대 소녀 그레타 툰베리(Greta Thunberg)로부터 시작되었다. 어른들을 향한 한 소녀의 울분 어린 외침, 미래세대에게 남은 시간은 '18년 157일뿐'이라는 메시지로 기성세대와 정치권을 향한 묵직한 울림을 전했다.

그레타 툰베리는 제24차 유엔기후 변화협약 당사국총회에서 "어른들은 자녀를 가장 사랑한다고 말하지만, 기후 변화에 적극적으로 대처하지 않는 모습으로 자녀들의 미래를 훔치고 있다"라고 연설하기도 했다.

조천호 / 대기과학자 · 경희사이버대학교 특임교수

"지금 당장 이 기후 위기를 막지 않으면 툰베리와 같은 어린 세대들이 어른이 됐을 때 이 세상은 파국 그 자체예요. 통제와 회복이 불가능한 위험 상태에 빠지는 거죠. 내가 어른이 되었을 때 그런 세상이 되었는데, 그때 내가 훌륭한 사람이 된들 이게 무슨 의미가 있냐는 거죠."

지구온난화와 기후 위기에 있어 1순위로 꼽히는 주범은 바로 '온실가스'다. 온실 효과를 일으키는 기체에는 이산화탄소, 이산화질소, 메탄, 프레온 가스 등이 있다. 이 중 화석에너지의 연소로 발생하는 이산화탄소가 가장 많은 양을 차지하며, 1985년 세계기상기구와 국제연합 환경계획에선 이산화탄소를 온난화의 주범으로 공식 선언했다.

산업혁명 이후 200년이 채 되지 않은 기간 동안 지구의 평균기온은 1도 이상 상승했다. 다음 그래프에서처럼 상승은 가속화되고 있고, 이대로라면 30년 뒤인 2050년의 지구 평균기온이 2.4도 상승할 것이라는 예측이다. 자연현상의 변수까지 감안한다면 3도 이상 상승할 수 있다.

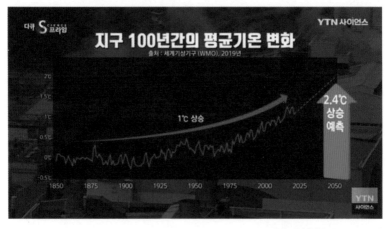

출처: 세계기상기구(WMO), 2019년

거의 모든 것의 과학

이렇게 평균기온이 오르면 지구는 급속도로 메말라 갈 수밖에 없다. 환경부에서 기후 변화로 인한 지표면 사막화를 예측·분석한 결과, 2050년쯤엔 전 세계의 땅 24~34%에서 극심한 사막화가 진행될 수 있다. 중남미, 남부 유럽, 남아프리카 그리고 중국의 피해가 심화될 것으로 보고 있다.

조천호 / 대기과학자 · 경희사이버대학교 특임교수

"지구 평균기온이 상승한다고 하는 건, 단순히 기온이 올라간다고 생각하는 게 아니라 정말 농업이 불가능할 정도로 극단적인 날씨가 발생한다는 겁니다. 물이 부족하고 가뭄이 들면 식량 기근이 일어나게 되는 것이고, 생물 다양성이 붕괴되고 그다음 빙하가 녹아서 해수면이 올라가게 되겠죠?

그러면 우리 연안에 있는 대도시들이 침수될 것이고, 이산화탄소 농도가 올라가면 그만큼 바다에서 이산화탄소를 흡수하겠죠. 그럼 그게 탄산 성분이 돼서 해양을 산성화 시킵니다. 그렇게 되면 해양 생태계가 붕괴돼서 결국 해양으로부터 우리가 먹을 수 있는 식량 공급이 줄어듭니다. 그래서 '기온이 상승한다'라는 건 '우리 생존의 기반이 무너진다'라고 봐야 합니다."

기후 위기를 막기 위해 국제사회는 협약을 통해 온실가스 감축에 동참하고 있다. 파리기후협약은 지구 평균기온 상승을 1.5℃로 제한하는 것을 목표로 삼고, 국가 스스로 온실가스 감축 목표를 정해 5년 단위로 제출하게 된다. 전 세계 195개국이 동참하고 있으며 세계 7, 8위의 온실가스 배출국인 우리나라도 2030년까지 2017년 대비 24.4%의 감축을 목표로 하고 있다. 산업화 이전 대비 2℃ 이상 상승하지 않도록 유지하고, 장기적으로는 1.5℃ 이하로 제한하려면 2050년까지 더 많은 나라에서 공기 중의 탄소량을 더 이상 늘리지 않아야 한다.

지난 2020년 정부는 이산화탄소를 배출한 만큼 이산화탄소를 흡수하는 '2050 대한민국 탄소중립 비전'을 선언했다. 공학적인 방법을 통해 대기 중 이산화탄소 농도가 더 이상 증가하지 않도록 총량을 중립 상태로 만들겠다는 전략이다.

2050 대한민국 탄소중립 비전 이해

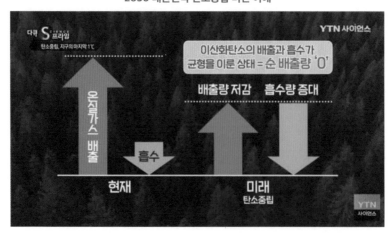

지금까지의 에너지 전환이 친환경이나 재생에너지로 방향을 틀어야
한다는 권고의 분위기였다면, 2050 탄소중립 선언은 파장이 전혀 다
르다. 방향성이 아닌 '반드시 이루겠다'라는 약속을 국제사회에 공표한
것이고, 당사국은 주기적으로 새로운 기여도를 제출할 의무가 있다.

상식을 뛰어넘는 속도와 규모로 구체적인 실행 방안이 이루어져야
하기 때문에 여러 책임과 비용이 뒤따를 수밖에 없다.

조천호 / 대기과학자 · 경희사이버대학교 특임교수

"'기후 위기를 통해서 지구환경이 붕괴되고 우리 사회도 붕괴될 것
이다.' 그래서 대전환 즉, 방향을 바꿔야 합니다. 다시 말해 지구환경
이라고 하는 자체는 보존돼야 합니다. 자원은 순환돼야 하고 에너지
는 재생돼야 하는 체계를 만들어야 하죠. 환경은 지켜내야 하는 것
이고 공동체 본연의 가치를 만들고, 경제는 이것을 지원하는 수단의
역할을 해야 합니다.
지금까지 목표였는데 이것을 수단으로 바꾼다. 여기서 우리는 대전
환을 해야지만 기후 위기를 막을 수 있고 이 가운데에서 우리는 좋
은 세상을 만들어 낼 수 있겠죠."

그렇다면 정부와 개인은 탄소중립을 실현하기 위해 무엇을 해야 할
까? 다음처럼 크게 다섯 가지의 로드맵으로 정리해 볼 수 있다.

1. 에너지 대전환 (화석 연료 → 재생에너지)

에너지 분야의 온실가스 배출은 80% 이상에 달하는 화석 연료의 사용이 가장 큰 원인이다. 산업혁명 이후 200여 년간 인류가 사용해 온 화석 연료를 포기해야 한다는 건 불가능에 가까운 도전이지만, 결국 탄소를 줄이는 방면에서는 태양광이나 풍력과 같은 재생에너지와 전기 및 그린수소를 확대하는 것에서부터 출발해야 한다.

2. 건축물의 에너지 효율 높이기

더불어 건축물의 에너지 효율도 높여야 한다. 건축물의 초기 설계에서부터 에너지 소비를 최소화할 수 있는 기술을 적용하고, 더불어 건축물 내에서 재생에너지를 직접 생산할 수 있도록 만든다면 탄소 저감에도 일조할 수 있다.

3. 이산화탄소 포집·저장·활용 기술(CCUS)

대기 중의 탄소량을 줄이기 위한 좀 더 공학적인 방법도 있다. 배출된 이산화탄소를 '포집'하고 지층에 '저장'하는 기술 그리고 이산화탄소 자체를 다른 유용한 물질로 전환하여 새로운 자원으로 '활용'하는 기술이다. 이산화탄소는 열역학적으로 매우 안정적인 물질이기 때문에 자원순환으로의 잠재력을 높이 평가받고 있다.

재생에너지와 전기차 등의 확대만으로는 기후 변화에 충분히 대응할 수 없기 때문에 이러한 기술들이 동반되어야 탄소중립을 앞당길 수 있다.

4. 산림·갯벌·습지 등 자연생태계의 탄소 흡수 기능 강화

산림, 갯벌, 습지 등 탄소 흡수 능력을 가지고 있는 생태 자원을 활용하는 방안도 중요하다. 우리가 잘 알다시피 나무는 산소를 배출하고 이산화탄소를 흡수하는 능력이 탁월하다. 이에 산림청에서는 30년간 30억 그루의 나무 심기를 선언했고, 지체에서도 도시 숲을 확대하는 데 힘쓰고 있다.

5. 물건 재사용 및 폐기물 재활용의 확대

폐기물과 폐자원의 재활용도 빠질 수 없다. 재활용이 가능한 유리병이나 캔을 분리 배출하면 연간 88kg의 이산화탄소를 줄일 수 있다. 국내 연구진들은 태양광 보급에 걸림돌이었던 폐패널과 폐배터리 등을 재활용하기 위한 기술 개발에 매진하고 있다.

🔋 탄소저장 CCS 기술

전 세계 이산화탄소 배출량의 약 25%를 차지하고 있는 화력발전은 수력발전의 50배, 원자력발전의 88배에 이르는 수치이다. 당장 화력발전을 멈출 수 없는 현실에선 이미 발생한 탄소를 친환경적으로 처리하는 방법을 강구해야 한다.

이에 관한 기술에는 2가지가 있다. 탄소를 포집해 감옥에 가두듯 지하 깊숙이 저장하는 'CCS(Carbon Capture and Storage)' 그리고 저장한 탄소를 이용하여 고부가 화합물로 생산하는 'CCU(Carbon Capture and Utilization)' 기술이다.

먼저 'CCS' 기술에 대해 알아보자. 포집한 탄소를 저장하는 가장 적절한 장소는 바로 깊은 바다 속 지하 암석층이다. 현재 국내에서 CCS 기술을 활발히 연구하고 있는 국립 공주대학교 연구팀을 찾았다.

CCS 기술은 크게 이산화탄소 포집, 소송, 주입 및 저장의 세 단계를 거친다. 이곳 테스트 베드에서는 해양 CCS 저장 설비의 구성요소인 이산화탄소 저장 탱크, 해저배관, 해상플랫폼 등을 인공적으로 구성하여 실제 이산화탄소 저장 과정에서 발생할 수 있는 기술적 문제를 해결하고, 다양한 변화에 따른 운영 기술을 고도화하고 있다.

권이균 / 공주대학교 지질환경과학과 교수

"일반적으로 대규모의 CO_2(이산화탄소) 배출원에서 포집하면 그 포집된 CO_2를 저장소까지 운반합니다. 저장소라는 건 땅속 깊은 곳에 있는 지층을 말하는데, 그 지층에 이산화탄소를 주입해서 영구적으로 격리함으로써 대기 중의 온실가스 농도를 낮추는 기술입니다. 저장소까지 수송하는 과정, 저장소에서 땅속으로 주입하는 과정에 대한 전 공정을 이어서 실제로 재연함으로써 벌어질 수 있는 일들 및 운영, 관리 등과 관련된 연구가 필요하므로 테스트 베드로서 연구를 수행하고 있습니다."

전체 처리 비용의 70~80%를 담당하는 포집 단계에서는, 대규모 플랜트에서 발생하는 이산화탄소를 배기가스로부터 분리한 후 압축하는 과정이 이뤄진다. 이산화탄소는 온도와 압력의 변화가 크기 때문에 실제 해양 저장소에 도달하는 과정 중 발생하는 변화에 예의주시해야 한다. 주입 과정에서 압력이 상승하거나 온도가 변하거나, 누출이 발생할 경우 자동으로 주입이 중단되고 압력을 낮추는 기술이 적용되고 있다.

권이균 / 공주대학교 지질환경과학과 교수

"보시는 것처럼 액체 CO_2 탱크에서 -20℃ 20기압의 CO_2가 실제 저장소로 수송되는데, 그 과정에서 -20℃를 유지하는 차가운 상태일 때 온도 차이에 따라 성에가 만들어집니다. 그러한 CO_2가 바다 환경으로 들어가게 되면 온도 변화가 생기고 그에 따라서 온도, 압력의 변화가 생기므로 그 변화 자체를 추적하면서 연구를 수행하고 있습니다."

이산화탄소는 대기 중의 파이프에서 바닷속으로 연결된 파이프까지 긴 경로를 타고 이동한다. 바다 온도는 깊이에 따라 섭씨 20℃에서 4℃ 이하에 이르기까지 온도 변화가 크게 벌어질 수 있다. 온도에 민감한 이산화탄소가 이 과정에서 많은 변화를 일으킬 수 있고 이는 곧 안전성과 직결되기 때문에 다양한 조건을 부가해 관찰해야 한다.

CCS의 목표는 한정된 공간에 더 많은 이산화탄소를 저장하는 것이다. 탱크 속 이산화탄소는 액체 상태이기 때문에 점성이 높아 저장소에 주입하기가 까다롭다. 기체 상태에서는 주입은 용이하지만 저장량이 적어지기 때문에 액체와 기체의 중간상태인 초임계상태를 유지하면 주입성을 높일 수 있다. 이를 위해선 탱크 속 −20℃였던 이산화탄소를 섭씨 30℃ 이상으로 끌어올려 유지해야 하며, 환경의 변화에도 온도와 압력이 일정하도록 조절하는 것이다.

권이균 / 공주대학교 지질환경과학과 교수

"땅속에 저장하는 대상은 실제 30℃보다 더 뜨겁습니다. 온도가 적절히 올라가면서 땅속에서 더 높은 온도를 확보하면서 기체와 액체의 중간상 정도 상태의 이산화탄소를 주입하게 됩니다. 실제 테스트 베드에서 안정적으로 땅속으로 주입된다면 계속 온도는 30℃ 이상을 유지하면서 점차 압력이 높은 상태로 주입되는데요.

그렇게 되면 상의 변화가 급격히 생기게 됩니다. 그런 변화가 일어나는 부분들을 인공적으로 만들어서 이런 문제를 해결하기 위한 연구를 하는 것입니다."

그럼 이러한 CCS 설비가 실제 바다에서는 어떻게 적용될까? 초임계 상태의 이산화탄소가 파이프를 통해 바닷속으로 이동한다. 해저엔 테스테 베드에서 보았던 온도, 압력 조절 시스템이 배치돼 있다. 이산화탄소는 이제 800m 이하의 다공성 지질 구조에 저장된다. 주입부터 저장까지 모든 변화는 이 시스템을 통해 관리·운영될 예정이다.

CCS 적용 예시 화면과 테스트 베드 모습

이산화탄소 저장에 대해 안전성을 거론하지 않을 수 없다. 그 중심에는 '지진'과 '누출'에 대한 우려가 따른다. 국내 CCS는 이미 10여 년 전부터 실증 사업에 착수한 바 있다. 2017년 포항 해상에 100톤의 이산화탄소를 주입하는 데 성공했지만, 그해에 지진이 발생하면서 잠정 중단됐다. 지진이 이산화탄소의 압력 상승에 의한 것이 아니냐는 논쟁 속에서 2년여에 걸친 국내외 전문가들이 분석한 결과, CCS가 지진의 원인이 될 수 없다는 것이 밝혀졌다.

권이균 / 공주대학교 지질환경과학과 교수

"이산화탄소 감축을 목적으로 하는 사업이기 때문에 영구 격리하는 목적으로 주입한 이산화탄소가 다시 대기 중으로 새 나온다면 사업의 목적을 실현할 수 없습니다.

따라서 저장연구에 있어서 가장 중요한 것 중 하나가 안전한 '지중 저장 기술'입니다. 저장소를 따라서 누출이 일어나지 않을 만큼 안전한 저장소를 활용하는 것이 가장 중요합니다.

그리고 무엇보다 중요한 것은 우리가 과학적으로 아무리 조심해서 저장소를 찾고, 저장한다고 해도 감당할 수 없는 자연현상이 발생할 수 있지 않겠습니까? 그래서 우리나라에서 추진하는 저장사업은 육상이 아닌 해양, 그것도 연안으로부터 최소 60km 이상 떨어진 곳에 저장소를 활용할 계획입니다."

거의 모든 것의 과학

그렇다면 이번 연구의 종착지는 어디일까. 구멍을 뚫는데도 막대한 돈이 들기 때문에 이미 비워진 유전이나 가스전에 이산화탄소를 채우는 것이 현재로선 가장 이상적인 장소이다.

울산 근해에는 2004년부터 천연가스 등을 생산해온 '동해가스전'이 있다. 지난 2021년 6월에 종료된 이곳을 이산화탄소 저장 공간으로 활용할 계획을 밝혔다. 이곳에 묻혀있던 천연가스가 수백만 년 동안 새어 나오지 않았다는 사실을 통해 누출로부터의 안전성을 보장하고 있다. 앞으로 30년간 총 1,200만 톤의 이산화탄소를 저장할 수 있을 것으로 전망하고 있다.

출처: 국제에너지기구

국제에너지기구(IEA)는 2050년까지 전체 온실가스 감축량의 19%를 CCS로 해결해야 한다고 제안했다. 기구에 따르면 전 세계의 저장 공간 최대치는 바다와 육지를 포함해 16조 9,000억 톤. 이는 세계에서 한 해 동안 배출되는 이산화탄소의 500배에 가까운 양이고, 전 세계가 이를 잘 활용한다면 수백 년간 사용할 수 있는 규모다.

기존의 에너지 구조 아래에서도 이산화탄소를 처리할 수 있는 가장 현실적인 대안으로 평가받고 있는 CCS 기술. 새로운 에너지 전환 시대에서 차세대 블루오션 산업이자 수소경제 구축을 위한 디딤돌이 되어주길 기대해 본다.

🕯CCS(CO_2 포집·저장) + CCU(CO_2 활용) = CCUS

CCS 기술이 단순히 이산화탄소를 '포집'해 '저장'하는 방식이라면, CCU 기술은 이산화탄소를 유용하게 '활용'하기 위해 고안되었다. 이 둘을 합쳐 'CCUS(탄소 포집·활용·저장 기술)'라고 부른다. 이번에는 CCUS를 선도하고 있는 지역난방공사를 찾아가 봤다.

열병합발전소에서 배출되는 배기가스에서 이산화탄소를 분리하고, 이를 새로운 자원으로 변환시키는 탄소 자원화 기술이 하나의 공정으로 연계돼 있다. 기존 화력발전의 포집 방식은 대규모의 공정 부지가 필요하고 처리 비용 또한 만만치 않아 경제성이 부족하단 지적을 받아왔다. 반면, 이곳에 구축된 포집 설비는 부지가 협소한 도심발전소에도 도입할 수 있어 업계의 관심을 끌고 있다. 그 해법은 바로 '기체 분리막'이라는 장치에 있다.

"기체 분리막은 배기가스를 실질적으로 분리하는 장치입니다. 배기
가스의 주성분은 이산화탄소와 질소로 이뤄져 있습니다. 그중에 이
산화탄소는 저희 기체 분리막의 질소보다 30배 빠르게 투과합니다.
그래서 두 가스가 투과 차이에 의해 분리할 수 있고, 그것을 가능하
게 만든 소재가 기체 분리막입니다."

도심발전소에도 도입 가능한 기체 분리막

배기가스가 처음 생성됐을 때의 이산화탄소 농도는 약 5%에 불과하
다. 그런데 분리막을 통과하고 나면 90%에 이르는 고농축 상태로 포집
된다. 이산화탄소는 이제 지구의 골칫거리가 아닌 유용한 자원으로서
본격적인 변신에 들어간다.

첫 번째 방법은 '광물화 공정'으로 포집된 고농도의 이산화탄소와 슬

래그, 폐콘크리트와 같은 건축부산물을 반응시키면 새로운 유용한 물질로 재탄생한다.

그 대표적인 것이 바로 '탄산칼슘($CaCO_3$)'이다. 탄산칼슘은 이산화탄소를 영구 저장할 수 있을 뿐 아니라 생산 과정에서 대량의 이산화탄소가 발생하는 시멘트를 일부 대체할 수 있다.

아직 시장 규모는 작지만 이산화탄소를 새로운 가치의 물질로 전환한 만큼 동시에 제거할 수 있는 기술. 다행인 것은 새로운 가능성을 믿고 도입에 나서려는 업계의 움직임이 조금씩 나타나고 있다는 것이다.

최창식 / 고등기술연구원 플랜트엔지니어링센터 박사

"광물화 기술은 그동안 발전소 부산물을 주원료로 사용해왔는데, 분쇄 등의 전처리 기술 등이 필요하고 또 원료 이동의 문제도 있었습니다. 하지만 최근에는 시멘트 공정이라든가 정유 공정, 제철소 등을 중심으로 해서 발생하는 부산물과 이산화탄소를 반응시켜 대량으로 활용하고자 하는 노력이 진행되고 있습니다.

이미 일부 기업은 순수한 원료만으로 탄산칼슘을 만들어서 제조 판매라는 기업도 있습니다. 또한 이와 더불어서 탄소배출권도 확보되면 경제성이 좋아지고 시장 규모도 더욱 확대될 것으로 기대됩니다."

이산화탄소를 쓸모 있게 만들어 저감하는 또 하나의 방법, 바로 '미

거의 모든 것의 과학

세조류'를 이용하는 것이다. 녹색 플랑크톤으로 알려진 미세조류는 광합성을 하는 미생물로 이산화탄소를 먹이 삼아 자라나고 증식한다. 이때 다양한 고가물질로 전환할 수 있는 바이오매스를 생성한다. 발전소는 미세조류의 이러한 특성을 이산화탄소 감축에 십분 활용하고 있다.

미세조류를 활용한 이산화탄소 감축 방법

장원석 / 한국지역난방공사 수석연구원

"미세조류는 친환경적 CO_2 흡수 원인인 소나무보다 대략 20배 이상의 CO_2를 먹습니다. 그만큼 많은 CO_2를 친환경적으로 먹는 작용 외에도 미세조류의 특징이 다양한 고가물질을 만들 수 있다는 것입니다. 바이오디젤, 건강식품, 의약품, 고급향수 같은 오일도 만들 수 있고요. 다양한 고가물질을 만들 수 있어서 굉장히 유용한 CO_2 친환경 기술이라고 할 수 있습니다."

현재 이곳의 미세조류 배양 규모는 10t으로 연간 최대 100t의 이산
화탄소를 처리할 수 있는 규모이다. 대량의 이산화탄소를 땅속에 저장
하는 CCS 기술에 비하면 낮은 수준이지만, 순수 저감량만 놓고 봤을
때 그 효과는 절대 뒤지지 않는다. 오로지 '광합성'이라는 자연 생리에
기초를 둔 가장 친환경적인 방식이기 때문이다.

배기가스로부터 이산화탄소를 효율적으로 분리하고 새로운 가치를
지닌 자원으로 탈바꿈하는 CCUS 기술. 기존 포집 방식의 한계를 보완
하고 기술 도입의 진입장벽을 낮추기 위한 시도와 노력이 탄소중립으
로 향하는 여정에 동참하는 발판이 되길 기대해 본다.

장원석 / 한국지역난방공사 수석연구원

"지금까지 우리가 CO_2를 처리하는 데 있어서 석탄발전, 제철소, 시
멘트 같은 곳에서 배출되는 고농도, 대량의 많은 CO_2를 처리하는
데만 국한하다 보니 탈원전, 탈석탄 시대에 맞춰 가스발전 같은 농
도는 적지만 양을 많이 처리하는 쪽에서 거의 CO_2 처리를 등한시해
왔습니다.

하지만 앞으로 우리가 탄소중립 시대에 맞춰서 또는 그린 뉴딜 정책
에 맞춰서 가스발전에서 발생하는 CO_2를 처리하고, 포집만 하는 게
아니라 포집한 것을 탄소자원화, 광물화나 미세조류 같은 고가물질
을 생산할 수 있는 탄소자원화 기술을 융복합한 실제 생활 플랜트를
만드는 게 필요하다고 봅니다."

거의 모든 것의 과학

🔥 알지 못했던 자연의 탄소 흡수원

지난 2021년 1월, 산림청에서는 '2050 탄소중립 산림부문 추진전략안'을 발표했다. 2050년까지 총 30억 그루의 나무를 심어 탄소 3,400만 t을 줄이겠다는 계획이다. 이러한 목표를 달성하기 위해 나무의 나이 분포 개선, 새로운 산림 탄소 흡수원 확충, 도시 숲 조성 등 12개의 과제를 추진 중이다.

탄소와의 전쟁에 내건 '숲과 나무'라는 정공법. 탄소중립의 기본 골자는 온실가스 배출을 최대한 줄이고 불가피하게 배출된 것을 제거하는 것이다. 그렇기에 부가적인 에너지 소비 없이 자체적으로 이산화탄소를 흡수하는 자연 생물의 역할은 앞으로 더욱 중요해질 수밖에 없다.

여기 지구환경을 지키고자 나선 기업이 있다. 경기도 안성에 위치한 공장에서 부지런히 기계 위를 지나가는 건 우리 생활에 없어서는 안될 일회용품인 화장지이다. 이 화장지는 조금 특별하다고 한다. 흔히 쓰는 화장지에 비해 빛깔이 조금 노르스름할 뿐, 겉으로 보기에는 별반 달라 보이지 않지만 비밀은 바로 펄프의 원료에 있다. 일반 목재 펄프가 아닌 대나무 펄프로 만든 이른바 '대나무 화장지'이다.

한영규 / 휴지공장 공장장

"예전에는 그냥 형광증백제도 많았었는데, 요즘은 국민도 마찬가지겠지만 뭐든지 친환경 아니겠습니까? 그중에서도 대나무 같은 친환경 제품을 국민도 선호하다 보니 많이 나가는 추세입니다."

이 화장지의 원료인 대나무는 사실 볏과 식물에 속하는 풀이다. 이러한 대나무는 다른 나무들과 비견될 만한 장점이 있다. 그것은 빠른 생장 속도이다. 일반 휴지의 원료인 나무가 자라는 데에 걸리는 시간은 보통 6년에서 30년이다.

반면 대나무는 하루에 최대 1m 이상씩 빠른 속도로 성장한다. 이 기업의 이상호 대표는 바로 이러한 대나무의 습성에 힌트를 얻어 산림을 덜 훼손하면서 대체하기 어려운 일회용품을 만들 수 있는 방법을 찾은 것이다.

이상호 / 대나무 화장지 개발 사회적기업 대표

"대나무 화장지의 가장 큰 장점은 나무를 베지 않아도 된다는 것입니다. 대나무 같은 경우는 나무보다 산소 발생률이 35% 높고 이산화탄소를 소나무보다 6배를 더 빨아 당기는 힘이 있습니다.

이를 통해 나무들이 많은 산소를 발생시키고 대나무도 많은 산소를 발생시킨다면 지구는 더 건강하고 쾌적해질 것이란 믿음이 있었습니다."

거의 모든 것의 과학

나무, 더 나아가 지구환경을 지키고자 하는 업체의 접근법은 소비자들에게도 통했다. 많은 이의 호평을 얻으며 환경부와 구매 네트워크가 주관하는 '2020 대한민국 올해의 녹색상품'에 당당히 선정되기도 했다. 어쩌면 우리가 지구를 위해 할 수 있는 가장 빠르고도 효과적인 실천은 자연이 지닌 본래의 역할과 특성을 해치지 않는 것일지도 모른다.

이상호 / 대나무 화장지 개발 사회적기업 대표

"지금 한 번 편리성을 위해서 쓰고 있는 것이 아니라, 이 물건이 버려져서도 계속 선순환할 수 있는 '제로 웨이스트(Zero Waste)'라든가 그 외의 것들까지 고려한 제품들이 앞으로 만들어져야 한다고 생각합니다.

이 시대를 살아가고 있는 많은 기업인이 책임감을 가지고 해결해야 할 부분이 아닌가 생각하고 있습니다. 그리고 이러한 집단지성의 힘으로 점점 더 지구가 좋아질 수 있다면 그 길로 모두가 가야 하지 않을까 생각합니다."

자연은 오랜 시간 스스로를 끊임없이 복원시켜 왔다. 인간의 과오가 무너트린 생태계의 균형을 되찾기 위해 지구는 덤덤히 본래 가진 회복력을 발휘한다.

이번에는 해양 생태계의 보고, 인천 강화도 갯벌로 향해보자. 갯벌은 오염된 바다를 정화해준다고 하여 자연의 콩팥이라고도 불린다. 온실가스를 줄이는 보다 지속적인 방안이 필요한 지금, 세계는 검은 대지가 품은 새로운 가능성에 주목하기 시작했다.

바닷물이 잠시 물러간 시각, 갯벌의 속살을 파헤치기 위해 연구팀이 나섰다. 이들은 2017년부터 매년 우리나라 서·남해안을 돌며 갯벌을 조사해오고 있는 서울대 해양저서생태학 연구팀이다. 해양환경공단과 함께 갯벌이 지닌 탄소 흡수원으로서의 능력을 증명하기 위해 힘을 쏟고 있다.

이종민 / 서울대학교 해양저서생태학연구실 연구원

"현재 우리나라에서는 탄소 흡수원인 산림에 대해서만 많이 보고되어 있습니다. 최근 들어 전 세계에서 해양 생태계 역시 탄소를 흡수한다는 연구 결과가 있어 우리나라 갯벌에서도 어느 정도의 탄소를 흡수하는지 조사하고 있습니다."

바다가 잠시 출입을 허락한 시간, 연구팀이 발길을 서두른다. 한 걸음 내딛기가 쉽지 않은 질척한 펄을 헤쳐 도착한 장소는 연안의 갈대 군락지다. 이곳에서 채취한 퇴적물의 탄소저장량을 분석할 예정이다. 조사 위치는 한 지역마다 식물이 서식하는 염습지와 비식생지를 같은 비율로 선정한다. 식물의 유무에 따른 탄소저장량의 차이를 확인하는 것이 연구의 핵심이다. 갈대를 베어낸 뒤 본격적으로 시료를 채취한다.

코어링 작업을 통해 층층이 쌓인 퇴적물을 균일하게 뽑아내야 한다.

거의 모든 것의 과학

수직을 유지한 상태에서 장비를 받아 넣은 뒤, 1m 길이의 관 안에 퇴적물이 완전히 채워지면 결함이 발생하지 않도록 다시 조심스럽게 끌어올린다. 이제 시료를 일정한 길이로 잘라 용기에 담고 밀봉하는 것으로 채취 작업이 완료된다. 이때 퇴적물이 다른 물질과 섞여 오염되면 탄소 함량 값에 영향을 줄 수 있기 때문에 주의해야 한다.

갯벌 퇴적물 시료를 채취하는 모습

김정수 / 서울대학교 해양저서생태학연구실 연구원

"1m 깊이는 국제 표준입니다. 저희가 깊이별로 5cm씩 잘라서 시료 채취를 진행하는데, 각각의 깊이에 탄소가 얼마만큼 저장돼 있고 탄소량의 변화가 어떻게 진행되고 있는지를 확인하기 위해 이렇게 단위로 끊어서 진행하고 있습니다."

깊이별로 채취한 시료는 연구실로 옮겨져 우리나라의 갯벌이 매년 얼마만큼의 탄소를 흡수하는지 분석할 예정이다. 연구팀은 이렇게 5년째 변화를 관찰하고 있다.

이종민 / 서울대학교 해양저서생태학연구실 연구원

"산에 가면 나무가 있죠? 나무가 광합성을 통해 이산화탄소를 흡수하는데 이렇게 산림에서 흡수된 탄소를 '그린 카본(green carbon)'이라고 합니다. 이와 반대로 바다에서 흡수하게 된 탄소를 '블루 카본(blue carbon)'이라고 합니다.

우리나라 같은 경우에는 서·남해 합해서 약 2,500km²의 갯벌 규모를 가지고 있는데, 전 세계적으로 굉장히 넓은 면적을 가지고 있습니다. 그 규모가 매우 크기 때문에 전체적인 총량으로 봤을 때 굉장히 거대한 탄소 흡수원으로 추정되고 있습니다."

해양 생태계가 흡수하는 탄소인 블루 카본. 끈적끈적한 갯벌에 쌓이고 묻히면서 지표면 아래에 저장되거나 해양 생태계에 서식하는 식물의 광합성 과정에서 흡수된다. 삼면이 바다인 우리나라는 서해안과 남해안 일대에 광범위한 2,487, 2km²의 염습지와 95종의 염생식물(조간대) 그리고 9종의 잘피(조하대)가 분포한다.*

---

*   출처: 2013 전국 연안습지 면적조사, 해양수산부

거의 모든 것의 과학

출처: 환경부, 해양 수산부, 전 지구 평균 218tC/㎢-yr, Mcleod, 2011

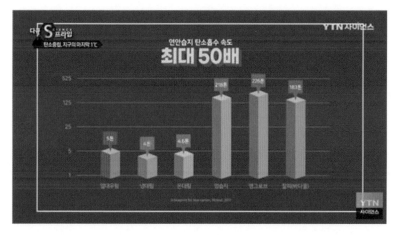

출처: A blueprint for blue carbon, Mcleod, 2011

전 국토 면적 대비 연안습지의 면적은 2.5%로 63%를 차지하는 산림에 비하면 훨씬 작은 규모이지만, 전 세계 연안습지의 평균 탄소 흡수량은 상대적으로 더 높은 것으로 나타난 연구 결과가 있다.

이에 따르면 연안습지의 연간 탄소 흡수 속도는 산림보다 최대 50배 더 빠를 것으로 추정하고 있다. 이처럼 탁월한 탄소 흡수 능력을 지닌 갯벌. 서·남해안을 중심으로 천혜의 갯벌을 보유한 우리나라에 온실가스 문제를 해결하는 히든카드가 되어줄 수 있을 것 같다.

연구팀은 현장에서 채취해온 시료는 곧바로 탄소 함량을 정밀 분석하기 위한 준비에 들어간다. 퇴적물을 고온으로 가열해 무게의 차이를 측정하는 방법을 이용하는데, 그러려면 퇴적물의 수분부터 완전히 증발시켜야 한다. 건조된 시료는 수분만 날아갔을 뿐, 탄소는 아직 고스란히 남아있는 상태다.

그다음 막자사발을 이용해 곱게 갈아주는데 이는 입자가 작아야 정확한 분석이 가능하기 때문이다. 전처리 작업이 모두 끝나면 진짜 갯벌 퇴적물이 머금고 있는 탄소량을 파악해볼 차례이다. 이 분석을 통해 조사 지역의 블루 카본의 양은 물론, 탄소는 어디로부터 온 것인지 또는 어떤 식물 종에서 유래된 탄소인지도 알 수 있다고 한다.

연구팀이 지금까지 갯벌을 조사해온 결과에 따르면, 국내 갯벌이 해마다 흡수하는 온실가스의 양은 48만 4,500t이다. 이는 해마다 승용차 20만 대가 내뿜는 양이자 30년 된 소나무 약 7,340만 그루가 연간 흡수하는 이산화탄소량에 맞먹는 수준이다.

이처럼 갯벌은 훌륭한 탄소 흡수 능력을 겸비하고 있지만, 아쉽게도 현재 국제사회에서 인정받는 블루 카본은 맹그로브숲과 염습지 그리고 잘피림 세 종류뿐이다. 아직 갯벌에 관한 국제사회의 연구가 현저히 부족하다는 증거이기도 하다.

이종민 / 서울대학교 해양저서생태학연구실 연구원

"우리나라 같은 경우에도 온실가스 배출량이 매우 많은 편에 속하는데, 이는 현재 우리나라에서는 탄소 흡수원인 산림에 대해서만 많이 보고되어 있습니다. 그와 반면에 해양 생태계 탄소 흡수에 대한 보고는 별로 없습니다.

현재 저희가 약 4년 넘게 분석하고 있는데, 갯벌 또한 현재 IPCC(기후 변화에 관한 정부 간 협의체)에서 보고된 탄소 흡수원인 맹그로브, 잘, 염습지 못지않게 훌륭한 탄소 저장고로서의 역할을 하고 있다는

걸 입증하고 있습니다."

기후 변화에 관한 정부 간 협의체(IPCC)는 2019년, 블루 카본을 온실가스 감축 수단으로 공식 인정했다. 그에 따라 많은 국가에서 자국이 보유한 블루 카본 자원을 국제적으로 인정받기 위해 연구와 투자를 집중적으로 늘리는 상황이다.

우리나라는 지금부터 알아내야 할 것들이 많다. 블루 카본은 현재 얼마나 축적돼 있는지, 해마다 얼마나 쌓일지 등을 예상하는 것이다. 더불어 우선되어야 할 것은 자연이 가진 잠재력과 지금의 현실을 더 많은 사람에게 알리고, 갯벌뿐 아니라 산림·습지·토양까지 회복을 위해 애쓰는 생태계를 주의 깊게 살펴봐야 할 것이다.

조천호 / 대기과학자 · 경희사이버대학교 특임교수

"탄성력이라는 표현을 씁니다. 스프링을 조금 당기면 다시 제자리로 돌아오죠? 그런데 확 당기면 다시는 제자리로 못 돌아오죠. 그런데 우리가 지구의 온도 상승을 1.5℃ 이내로 막는다고 하면 지구는 탄성력이 있다고 봅니다.

우리가 1.5℃라고 하는 범주 안에 있게 되면, 현재 우리가 만들어 놓은 문명 자체의 탄성력은 유지가 될 거라고 보는 것이죠. 그래서 궁극적으로 중요한 건 이 탄성력이 보존되느냐의 문제입니다."

거의 모든 것의 과학

💡 신·재생 에너지 기술을 통한 탄소중립

태양광 사업은 화석 연료를 대체하는 신·재생 에너지 정책의 중심에 있다. 태양광 패널당 10%의 온실가스를 감축하면, 연간 23만 t의 온실가스를 줄일 수 있고 이는 소나무 약 200만 그루를 심는 것과 맞먹는 효과가 발생한다.

하지만 수명을 다한 태양광에서 발생한 대량의 폐기물 문제는 태양광 보급 확대에 걸림돌이 되고 있다. 환경정책평가원에 따르면 국내에서 발생한 태양광 폐패널이 2021년 약 805t, 2023년엔 9,600t, 2030년엔 2만 900t까지 기하급수적으로 늘어날 것으로 예상하고 있다.

친환경에너지를 생산하기 위한 목적이 도리어 환경오염 문제로 발동이 걸린 상황. 그렇다면 방법은 폐패널을 재활용하는 기술을 개발하는 것이다. 그 열쇠를 쥐고 있는 한국에너지기술연구원의 연구진을 찾아가 봤다. 현재까지는 패널의 메탈 프레임만 떼어내 재활용하고 나머지는 매립으로 처리하고 있는 상황이지만, 앞으로 태양광 보급이 더 많아질 것을 대비해 폐기물 매립이 아닌 재활용하는 방법을 찾은 것이다. 이 핵심은 소재를 분리하는 기술에 있다.

이진석 / 한국에너지기술연구원 변환저장소재연구실 책임연구원

"현재 상용화돼 있는 폐패널 재활용 기술은 크게 '열분해'와 '기계적 파쇄'의 방식이 있습니다. '열분해' 기술은 고순도의 소재를 회수할 수 있다는 장점이 있지만, 열원을 사용하다 보니 소모 에너지가 높

다는 단점이 있습니다. 반대로 '기계적 파쇄' 방식은 파쇄 시 불순물이 혼입되어 회수한 소재가 품질이 떨어지고, 비싼 가격으로 재판매할 수 없다는 단점이 있습니다.

저희가 개발한 '재활용 기술'은 열분해 기술의 장점인 고순도 소재회수와 기계적 파쇄 방식의 장점인 전력 소모 에너지가 작다는 이두 가지가 동시에 구현될 수 있는 기술입니다."

태양광 패널은 알루미늄, 실리콘, 은, 구리 등 자원이 될 수 있는 금속들로 이루어져 있다. 다시 말해 패널에 들어간 금속 중 90% 이상이 재활용될 수 있다는 것이다. 태양광 패널 완제품은 전면 유리, 태양 전지, 봉지재 등이 압착돼 있어 패널 내 소재를 회수하기 위해서는 먼저 이부품들을 분리해야 한다.

분리에서 가장 공을 들이는 소재가 바로 '저철분 유리'이다. 패널의약 70% 이상 차지하고 있는 고급소재로서, 재판매하면 불순물이 혼입돼 있으면 kg당 40원 내외, 불순물이 없으면 100원 이상으로 판매할수 있다.

결국 폐패널 재활용의 핵심은 분리 과정에 드는 에너지 소모량을 최대한 줄이는 것 그리고 소재가 고품질 상태로 회수되어야 하는 것이다. 연구진은 에너지 소모량을 기존 공정 대비 3분의 1수준으로 줄이고 소재를 고품질로 회수하여 수익성을 2.5배 향상하는 데 성공했다.

"태양광 폐패널을 재활용하기 위해서는 먼저 강화유리(저철분 유리)를 분리해야 합니다. 저희가 개발한 스크레이퍼라는 장비를 이용해서 강화유리와 샌드위치라고 부르는 층을 분리합니다. 유리는 바로 유리산업에서 재활용할 수 있고, 샌드위치는 추가로 기계적·화학적인 공정을 거쳐 원료 소재인 실리콘, 은, 구리와 같은 개별 소재로 회수합니다.

실리콘은 태양광 산업에서 바로 사용할 수 있고, 실리콘 분말 형태는 최근 이슈가 되고 있는 이차전지의 음극재로도 사용할 수 있습니다. 또한 은과 구리 같은 금속류는 소재산업으로 바로 적용할 수 있습니다."

재활용 기술로 분리한 저철분 강화유리

태양광 패널 안에 꼭꼭 숨어 있는 여러 종류의 소재들. 파쇄나 분쇄를 하지 않고 패널 상태에서 말끔히 분리될 수 있는 기술을 적용했기 때문에 마치 처음부터 따로 존재한 듯, 고순도 상태로 다시 거둘 수 있게 됐다.

연구진은 폐패널 2t을 재활용하면 이산화탄소 1,200kg을 감축하는 효과가 발생할 것으로 기대하고 있다. 저비용 고수익을 고려한 방법으로 태양광 보급 및 확대에 적지 않은 기여를 하게 될 재활용 기술. 더 이상 골칫덩어리 폐기물이 아닌 순환자원으로서 확대되길 기대해 본다.

태양광 패널에서 분리된 여러 소재

거의 모든 것의 과학

"지구라고 하는 건 물질적 세계입니다. 유한하죠. 이제 더 이상 우리 인간의 무한한 욕망이 이 지구에서 달성될 수 없다고 하는 게 오늘날 지구 위기의 본질이고, 그게 바로 기후 위기로 드러나는 것이에요. 우리가 지금까지 내달려왔던, 우리가 알고 있었던 성공적인 방식이었다는 건, 바로 이걸 버려야 할 때가 왔다는 것이죠."

지구는 지금 그 어느 때보다 분명한 사인을 보내오고 있다. 현재의 기술과 인프라로 〈2050 탄소중립〉을 달성하려면 지금부터 이산화탄소 배출을 매년 약 8%씩 줄여야 하고, 이를 위해 인류는 이례 없던 고통을 매년 감수해야 할지도 모른다.

모든 전환 과정에 시간이 걸리더라도 치밀하게 검토하고 시의적절한 정책과 수단을 강구해야 우리는 비로소 탄소중립에 다가갈 수 있을 것이다.

툰베리를 비롯한 지금의 10대들이 중년이 되는 2050년. 안전하고 청정한 이 땅에서 모두가 웃는 날이 되길 소망해 본다.

거의
모든 것의
과학

초판 1쇄 발행 2022년 10월 24일

지은이   YTN사이언스 〈다큐S프라임〉
발행인   곽철식
펴낸곳   ㈜ 다온북스

마케팅   박미애
책임편집   김나연
원고정리   김나연
디자인   박영정
인쇄와 제본 영신사

출판등록   2011년 8월 18일 제311-2011-44호
주소   서울시 마포구 토정로 222, 한국출판콘텐츠센터 313호
전화   02-332-4972   팩스   02-332-4872
전자우편   daonb@naver.com

ISBN 979-11-90149-85-3 (04500)

• 다온북스는 독자 여러분의 아이디어와 원고 투고를 기다리고 있습니다.
  책으로 만들고자 하는 기획이나 원고가 있다면, 언제든 다온북스의 문을 두드려 주세요.